高职高专"十二五"部委级规划教材（艺术设计类）

建筑速写

肖志华　刘子裕　夏天明　编著

JIANZHU
SUXIE

化学工业出版社
·北京·

这是一本比较系统和实用的建筑速写技法教材，内容共分六章，主要内容包括建筑速写的概念与工具材料、线条的练习与透视原理、建筑速写语言风格与画面构图、建筑速写配景、写生步骤、作品点评与欣赏等，全面介绍了建筑速写的理论与技法。本教材图文并茂，所选图例的画法、种类丰富多样，有较强的针对性、启发性和指导性。

本教材是高职高专院校室内设计、环境艺术设计、建筑设计等专业的教学用书，也可作为其他相关设计专业的教材，同时还可供建筑速写爱好者阅读参考。

图书在版编目（CIP）数据

建筑速写/肖志华，刘子裕，夏天明编著．—北京：
化学工业出版社，2014.5
高职高专"十二五"部委级规划教材（艺术设计类）
ISBN 978-7-122-20177-5

Ⅰ.①建…　Ⅱ.①肖…②刘…③夏…　Ⅲ.①建筑
艺术-速写技法-高等职业教育-教材　Ⅳ.①TU204

中国版本图书馆CIP数据核字（2014）第057489号

责任编辑：崔俊芳　　　　　　　　　　　装帧设计：王晓宇
责任校对：陶燕华

出版发行：化学工业出版社（北京市东城区青年湖南街13号　邮政编码100011）
印　　刷：北京永鑫印刷有限责任公司
装　　订：三河市宇新装订厂
787mm×1092mm　1/16　印张8　字数171千字　2014年5月北京第1版第1次印刷

购书咨询：010-64518888（传真：010-64519686）　　售后服务：010-64518899
网　　址：http://www.cip.com.cn
凡购买本书，如有缺损质量问题，本社销售中心负责调换。

定　　价：25.00元

前言 Foreword

建筑艺术源远流长，古今中外留下了大量的建筑艺术作品，有西方的哥特式建筑、中国的皇家园林，也有现代都市的高楼大厦以及密林乡村的古老木屋。这些建筑艺术凝聚了人类的巧思妙想，成为人们永恒的描绘主题。建筑速写就是以建筑为主要写生对象的一门艺术，具有简洁、鲜活、生动、率真的特点。具有其他画种所不可替代的韵味和魅力，成为大众喜爱的一种绘画样式。

建筑速写是艺术院校中普遍开设的一门艺术课程，是教学体系中的重要环节。建筑速写是锻炼形象思维的重要手段之一，它能使手、眼、脑协调统一，把对象的特征传神地刻画下来；是获得感性知识和积累原始资料的一种有效艺术手段；具有培养学生创造性思维、提高审美能力以及表达能力的重要作用。

建筑速写在手绘快速设计中的应用也越来越普遍，是设计师们推敲设计方案、表达设计构思的重要语言，也是一种展示和交流的快捷方式。当代高科技的快速发展，计算机技术和各种设计绘图软件的开发和应用，大大拓展了造型表现的手段和领域。但也造成了艺术个性的流失、手头能力的不足。因此，手绘的方式仍然是计算机技术所不能取代的。它是人的情感、思维、审美和表达最为天然和紧密的结合方式。徒手画速写的过程，就是在瞬间将人的观察力、判断力、审美力、情感力和表现力凝结的反映，是一个在极短时间内完成的艺术创造性活动。不断培养、提高和调动这种能力，对于建筑设计师来说，是必不可少的专业素质构成。

本书是基于多年的建筑速写教学基础上写成的，文字通俗易懂，力求系统完整、重点突出、图文并茂。在选图上尽量做到风格多样，以教师作品为主，同时选择了部分学生优秀作品。在本书的编写过程中，我系老师提供了大量作品，在此深表感谢。鉴于水平有限、时间紧迫，书中不足之处恳请各位同仁和专家批评指正。

肖志华

2014年3月

目 录
Contents

第一章　建筑速写的基本概念和工具材料

1 Chapter

第二章　建筑速写基础训练

2 Chapter

目录
Contents

3 / Chapter

4 / Chapter

目 录
Contents

5/ Chapter

6/ Chapter

第一章
建筑速写的基本
概念和工具材料

1 Chapter

　　速写这种艺术的表现形式已普遍成为建筑师表达建筑设计的一种重要语言。速写既是造型艺术中不可缺少的一种基本功训练，又是设计过程中重要环节的一种表达手段。因此，速写历来受到建筑师们的高度重视。建筑师常常利用速写记录生动的风土人情、感人的生活场景，搜集优秀的建筑造型；或运用速写的表现形式，根据建筑设计的要求构图，画出各种不同类型的快速草图，进行比较、推敲，使构思不断深化、提高、完善。

　　建筑速写不仅是建筑设计师们构思草图、设计方案的工具，而且是一门独立的绘画艺术。一幅好的速写作品就是一幅完美的艺术品，与其他艺术形式（如油画、国画等）一样，具有独立存在的艺术价值，给人美的熏陶。好的作品往往令人心旷神怡，给人美的享受。

　　从教学角度来说，建筑速写是室内设计、环境艺术设计、建筑设计等专业的一门重要造型基础课程。可以强化学生的手头绘画能力、用线条表现对象的能力以及对建筑艺术的理解能力，同时也可以提高学生对建筑艺术的审美素养。

第一节　建筑速写的基本概念

图1-1　白鹿寺一角（王朝晖 绘）

一、建筑速写的含义

"速写"这个词是随着西方绘画的传入而产生的,有略图、草稿写生的意思。一般指在短时间内用简练的线条扼要地画出对象的形体、动作和神态的一种绘画形式。

"建筑速写"顾名思义就是以建筑为主要表现对象,用写生的方式对建筑以及建筑环境进行快速表现的一种绘画方式。它以建筑为主要的表现对象,同时包含建筑环境所涉及的内容,如植物、人物、车辆等内容。

速写是在短时间内用简练概括的表现手法,描绘出物象的主要形象特征,具有高度概括、简练、个性鲜明的特点。速写与素描的区别主要在于,素描是要求深入细致刻画物象的形体结构,充分表达它的体积感、质量感和空间感等。而速写要求用极精练、概括的手段表现出物象的主要形象特征。速写与素描两者之间很难有一个明确的界限,作为造型的基础训练,两者要求是不一样的,各有特点,相辅相成,缺一不可(图1-1、图1-2)。

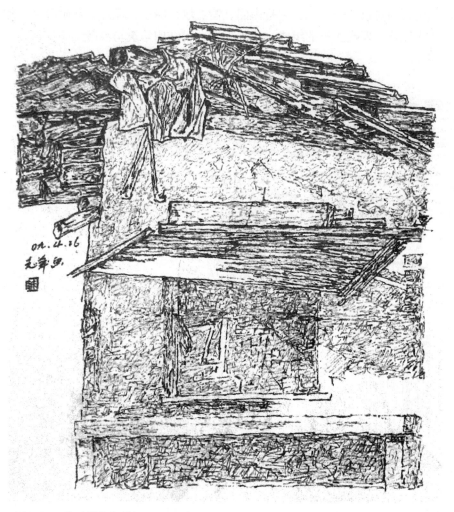

图1-2　正午(肖志华 绘)

二、建筑速写的特征

建筑速写作为一门造型艺术，有其自身的规律和特点。了解建筑速写的规律和特点对画好建筑速写非常重要。建筑速写的特征取决于两个方面：一是建筑及其周围环境的特征，二是建筑速写的语言特征。

1.建筑及其周围环境的特征

建筑有古代建筑、现代建筑、木结构建筑以及混凝土结构建筑等，每种建筑的审美特征不一样，在刻画时也需要不同的语言来表达。古代建筑精美，可刻画性强，加上岁月的洗礼，建筑更浑厚丰富，非常有画意，因此很多人喜欢以古代建筑为入画对象。木结构建筑也是以其精美丰富而深受画家喜爱（图1-3）。现代建筑多为混凝土结构建筑，现代城市的高楼林立、错落有致也给画者提供了新的表现对象，新的审美感受（图1-4）。

建筑速写的对象——建筑，它是由门、窗、墙、屋顶、瓦片、台阶等许多建筑构件组成。古代建筑与现代建筑的组成方式不一样，木结构建筑与混凝土结构建筑的组成方

图1-3 木结构建筑特征（肖志华 绘）

图1-4 现代建筑特征（刘音 绘）

式也不一样，刻画者必须要以如实、正确、严谨的方式刻画，才能把建筑的形象特征完整地表现出来。

　　建筑有自己的比例关系、透视关系、结构关系。建筑的错落、高低起伏以及画者的视线变化等，都需要画者很好地把握，正确地表现，才能生动地表现对象。

　　建筑周围的环境也是很重要的表现对象，单纯的建筑画面大多数时候会没有趣味性。建筑环境很多，常见的有城市环境中的植物、车辆、人物、雕塑等，自然环境中的山景、树木、河流、湖泊等，恰到好处地表现出这些配景，可以丰富画面，增加画面的趣味性。

2.建筑速写的语言特征

　　建筑速写的表现语言是很重要的方面，建筑速写的表现语言以线条表现为主，还包括线面结合和明暗表达等方式。建筑表达语言与刻画人物、动物有很大的不同，每种方式描绘出来的效果也大不一样，每种表达方式都需要画者认真体会摸索、提炼总结才能掌握（图1-5）。

图1-5　线面结合的语言特征（肖志华 绘）

三、建筑速写的意义

建筑速写以建筑为主要表现对象，用简洁的工具（如钢笔、铅笔、签字笔、速写本等）刻画表现，可以非常方便地进行速写创作、设计草图、收集素材等。建筑速写能够培养画者敏锐的观察力、鲜活的感受力、处理画面的综合能力，逐步提高对建筑艺术的审美能力。

1.建筑速写作品具有独立的审美价值

古今中外遗留下来的各式建筑，因其独特的艺术魅力而流芳千古。比如西方的哥特式建筑深受画家的喜爱，成为很多画家描绘的对象；徽派的老房子因其特有的画意成为大家争先描绘的对象。

用速写的形式来表达建筑，既可以品味速写本身的魅力，又可以品味建筑艺术本身的魅力，因此建筑速写深受艺术工作者的喜爱，同时也发展成为不同的、具有独立审美价值的艺术表达样式（图1-6）。

2.建筑速写是提高专业素质的有效手段

速写本身就是一幅有独特审美价值的绘画作品，速写能力是构架一个建筑设计师全面素质的重要组成部分。速写既与美术基础相衔接，又是收集、积累艺术创作素材的有效手段，同时也是设计师建筑素养深化和徒手绘图技巧提高的重要途径。在建筑速写中，不但应学会逐步培养绘画的取舍、概括和表达能力，同时还要培养对物象的理解和消化能力，以及提高艺术和空间的形象思维能力。一幅好的建筑速写，画者往往仅凭几根线条就可以传达出他对建筑物的第一感觉，并准确地表现出建筑物的内在精神和本质。

建筑速写的内容广泛，它包括现场勘察各种具体状况，如建筑现状、地形地貌以及周围的环境等；也包括建筑造型、空间、结构、色彩、材质、建筑细部，甚至包括平面、剖面的具体处理等。即使在有条件照相的情况下，上述内容全部依靠相机也是难以记录的。建筑速写可以本着"佳则收之，俗则摒之"的艺术原则去组织和剪裁画面，正好可以较完整、较艺术性地表现建筑造型及其在空间的秩序。

建筑速写是锻炼形象思维的最好手段之一，建筑艺术的独特价值和魅力只有在速写的实践中才能对其艺术价值产生深刻体会，才能对其蕴涵的美学特征、艺术特色、建筑风格有深刻的洞悉。建筑艺术结构的复杂、设计的巧妙、风格的独特，仅通过照片是无法体会出来的（图1-7、图1-8）。

图1-6　建筑速写独立的审美价值（肖志华 绘）

图1-7 速写在手绘中的运用（1）（虢质佳 绘）

图1-8 速写在手绘中的运用（2）（虢质佳 绘）

第二节 建筑速写的工具材料

　　"工欲善其事，必先利其器"，任何画种特点都与其所用工具材料有密切的关系。画者只有对工具材料有充分的了解和掌握，才能随心所欲地表达出自己的激情与心声。

　　速写的工具材料种类很多，包括笔和纸等工具，笔大致有铅笔、钢笔、中性笔、炭笔、炭精条、木炭条、色粉笔、签字笔、马克笔等。不同的笔有不同的特性，差别较大，要主动尝试寻找适合自己的工具。纸有速写本、复印纸等，每种纸的特性都不一样。效果也不一样。其他工具材料还有画夹、墨水等。每个人可以根据自己的喜好选择适合自己的工具材料。

一、笔

1.铅笔

　　铅笔是一种传统的常用速写工具。铅笔铅芯的硬度标志，一般用"B"表示软质铅笔，"H"表示硬质铅笔，"HB"表示软硬适中的铅笔。从HB到6B，数字越大表示铅笔芯越软，所画出来的线条越黑。从HB到6H，数字越大表示铅质越硬，数字越大画出来的线条越淡。作为速写工具来用的话，我们一般采用软性的B系列来做画，画出来的作品明暗层次丰富，可涂改，手感好，调子高雅、舒服，线条有粗细、浓淡等画面效果。铅笔携带方便，便于快速作画，是一种理想的作画工具。不足之处是画上去的调子容易被触摸掉，影响画面效果，每次画完最好喷上定画液，利于保存（图1-9）。

图1-9　铅笔速写（彭俊 绘）

2.钢笔

钢笔的笔尖为金属，属于硬笔。一般画画用的钢笔笔尖有弯曲变化，笔尖的部分画出来的线条粗细均匀没有浓淡变化，画出来的线条挺拔有力，画面效果细致深入；弯曲的部分可以画出不同的粗细变化线条。因此根据对象需要可以用来表现线与面的结合，画面黑白效果强烈，复印出来效果较好（图1-10）。

3.中性笔

中性笔是近几年广泛使用的一种书写工具，笔芯有0.35mm、0.5mm、0.7mm、1.0mm几种规格。中性笔用来画画的特点是线条流畅、粗细均匀、色彩雅致，随身携带、使用比较方便，有利于细致刻画物体。但由于笔芯比较小，画起来比较慢，不利于大幅面作画（图1-11）。

4.炭笔

炭笔也是一种重要的绘画工具。炭笔与铅笔相比较，其优点是：质地软，颜色深重浓黑，利于表现强烈的黑白效果，没有反光，深浅层次幅度大，附着力强，刻画时涩而不滑，颜色可深可浅，所绘线条可粗可细，富有变化；缺点是所画线条擦改效果不如铅笔，不易保存，容易弄污画面，需要每次作完画喷上定画液，而且笔芯粗、松、软，容易断（图1-12）。

图1-10　钢笔速写（贵树红 绘）

图1-11 中性笔速写（肖志华 绘）

图1-12 炭笔速写（佚名 绘）

图1-13　马克笔速写（彭俊 绘）

5.马克笔

马克笔是近年来被设计界广泛采用的一种工具，分油性和水性两种，主要用来画手绘设计稿和设计草图，也可作为建筑速写工具。作为速写工具用时，主要配合其他工具（如钢笔、铅笔、中性笔等）来使用。作画时先用钢笔画出线稿，再用马克笔上色，可以强化画面效果。马克笔笔头宽大，纵向可以画线，横向可以画块，排列笔触可以表现面。用马克笔作画时需要掌握其特点（图1-13）。

6.其他笔类

除了上述常用的笔类外，用来画速写的笔还有彩色铅笔、毛笔、竹笔、色粉笔、油画棒、木炭条、炭精条、圆珠笔、针管笔等。每种笔的特性不一样，画出来的效果也各有千秋，需要画者去摸索。

二、纸

建筑速写用纸也很重要，不同色泽、不同质地、不同肌理的纸张画出来的效果会有一定的区别。建筑速写一般需要质地比较厚实而平整光泽的纸张，不可用肌理太粗的纸张，肌理太粗笔画不动，或者画出来的线条缺乏流畅感；也不可用太光滑的纸张，太滑的纸浮滑不吸水，画出来的线条轻飘不好看。当然这也不是绝对的，需要根据画者自己的需求、自己需要的效果来选择纸张。同时不同的笔也需要选择搭配的纸张才能发挥出最佳效果。一般来说钢笔速写要求纸质有一定的厚度，纸面较平滑，吸水性适中，一般绘图纸、卡纸均可，复印纸稍差，但也可用。铅笔速写要求纸质不能太平滑，要有一定的肌理，有一定的摩擦度，素描纸效果较好。

建筑速写常用纸有：绘图纸、素描纸、复印纸、白报纸、毛边纸、书写纸、有色纸等。

另外可买速写本，现在美术商店有已经制成各种开本的速写本，非常方便携带，基本上能够满足使用需求。速写本有软皮、硬皮之分，在户外写生的话最好用硬皮速写本。宜选大点的速写本，在作画时方便一些。

三、其他工具

1.墨水

采用钢笔作画时需要用到墨水，对墨水的要求是浓度要高。一般选择国产碳素墨水就可以了，比如上海"英雄"牌碳素墨水。

2.画夹

画夹是一种常用、方便的作画工具，根据纸张大小选择合适大小的画夹。画速写时用夹子夹住画纸，方便使用。

第二章
建筑速写基础
训练

2 Chapter

第一节　线条的练习

　　线条是建筑速写造型要素中最基本的形式，对画面风格的形成起着重要的作用，是建筑画的灵魂。线条的形式有多种，常用的有直线、斜线、曲线、交叉线、自由线等。线条有极强的表现力，不同的线条能体现不同的精神内涵和气质风貌。线条最具有抒情达意的性能，能契入画者和欣赏者的心灵深处。这一点在传统中国画用线上是不难见到端倪的。古代画论常提到的"以书入画，书画同源"的理论，就深刻地说明线条的重要性，并反映出线条具有独立的审美意义。

　　因此，在建筑速写绘画过程中，要大胆地尝试用各种线条来表现对象，体会不同线条再现对象的感觉，充分利用线条的疏密、轻重、节奏来把握画面的整体效果，加强线条的灵活性和多样性，从而增强画面的艺术效果。

一、线条的排列与组织

　　不同的线条组织可以表现不同的对象，比如：①单线条可以表现建筑主体及配景的轮廓，其优势是能明确地体现建筑物的构造及结构穿插；②各种排线能更好地表现各物体的体量感、空间感和不同材质的质感；③以直线或弧线做一些有规律的排列就形成一个灰面，灰面形成的深浅与线条排列的疏密、线条叠加的层数有直接的关系。

　　弧线排列比直线排列难度要大一些，长线排列比短线排列难度要大一些。竖线与横线交叉组成块面，具有静止、稳定的感觉。斜线重叠交叉组成的块面富有动感。竖线重叠、横线重叠、有整齐一致的感觉。曲线重叠、交叉，有凹凸起伏、活跃的动感。

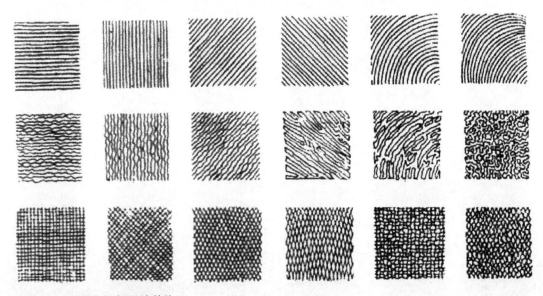

图2-1　不同线条组成平面色块练习

一般来说，较短的曲线以手腕运动画出，较长的曲线则以手臂运动画出。画较长的曲线要做到胸有成竹，落笔之前就要看准笔画的结束点，才能用较快的速度画出流畅、准确的曲线。

要想恰到好处地运用笔的速度、力量准确地画出物象的形状、特征，就要掌握控制笔的技巧。控制笔的技巧主要得掌握执笔的指、腕、臂的协调配合：画点、短线用手指控制笔；画较长的线用手指和腕控制笔；画长线用指、腕、臂控制笔，使笔尖接触纸，指、掌、腕、臂离开纸面行笔，也称悬腕。初画速写时，练习画简单的线条和块面，对掌握用笔技巧有很大的帮助（图2-1～图2-4）。

图2-2　运用不同手法组成的平面色块练习

图2-3　色块的渐变练习

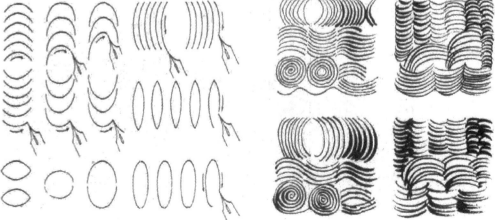

图2-4　曲线的练习

二、线条的分类及其个性特征

在画线条时，行笔要自如，状态宜松弛。不同的用笔方法和行笔快慢能产生不同的视觉效果，体现不同的性格特点。在建筑速写中常用的线条有以下几种。

1.紧线

紧线（图2-5）的特点是：用笔速度快、果断、肯定，线条给人率真、流畅之感。紧线常用于手绘设计草图之用。运用实例如图2-6、图2-7所示。

图2-5　紧线

图2-6　紧线的运用（1）（朱丹 绘）

图2-7　紧线的运用（2）（易方宇 绘）

2.缓线

缓线（图2-8）的特点是：用笔舒缓、沉着，线性厚重、朴拙而不漂浮，线条有微弱的动感。缓线的运用实例如图2-9、图2-10所示。

图2-8　缓线

图2-9　缓线的运用（1）（肖志华 绘）

图2-10　缓线的运用（2）（罗金鑫 绘）

3.颤线

颤线（图2-11）的特点是：用笔有轻微的抖动，线条生动富有节奏变化，是"屋漏痕"用笔的夸张和强化，犹如微风掠过湖面泛起的层层涟漪。颤线的运用实例如图2-12所示。

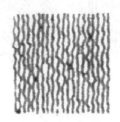

图2-11　颤线

图2-12　颤线的运用（刘音 绘）

4.粗细变化线

粗细变化线（图2-13）的特点是：线条变化丰富、对比强烈，有较强的视觉冲击力，细腻中见豪放，率性中现质朴。粗细变化线的运用实例如图2-14、图2-15所示。

图2-13　粗细变化线

图2-14　粗细变化线的运用（1）（刘甦 绘）

图2-15　粗细变化线的运用（2）（刘甦 绘）

5.随意线

随意线（图2-16）是画者根据不同的对象形体，随机发挥，给人以浑然天成之感。对活跃画面气氛、形成画面动感、体现"速写味道"起到不可或缺的作用。这种线条处理方法比较自由，一定要跟对象结合，不能让线条到处飘。否则变成画抽象线条，就很难达到效果。随意线也是一种没有规矩的线条，但线条一定要为表达对象服务，要能与结构吻合，发挥这类画法的优势。随意线的运用实例如图2-17、图2-18所示。

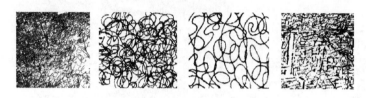

图2-16　随意线

图2-17　随意线的运用（1）（刘子裕 绘）

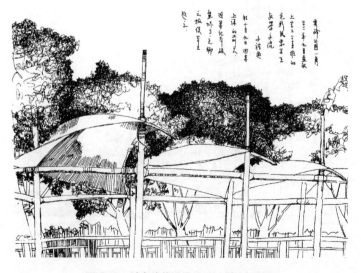

图2-18　随意线的运用（2）（刘子裕 绘）

图2-19　线条方向性排列在绘画中的运用

三、线条的方向性

　　线条排列的方向性也是需要注意的。单纯以勾勒物体轮廓和结构的线形，不存在方向性的说法，但线条运用到具体物体并以此来表现物体的体感时，其方向性才起到它应有的作用。线条排线的原则应以更好地表现物体的结构、遵循透视方向为依据，这样才更有利于表现物体的体量感、空间感及材料质感、画面所呈现的视觉效果才会更自然贴切、合乎情理和富有美感。图2-19是一些作品的局部，使用不同工具、不同排线方式在作品中创造质感肌理等美的元素。

　　本节内容仅是常规的线条用笔方法，线条的视觉效果远远不止于此。中国传统线描画法和西方大师的线面造型方法，都是我们学习借鉴的典范。但不能被成法所羁，要在速写实践中勇于探索和创造富有个性情感的艺术语言。

第二节　透视原理

一、透视的概念与规律

　　"透视"意为透而视之，是一种视觉现象，即视点（眼睛的位置）透过透明平面观察物体形状，并将物体描绘在平面上的方法。通过这种方法可以归纳出视觉空间变化的规律。

透视是一种绘画与设计活动中观察的方法和研究画面空间的重要手段。运用物体形状大小、物体明暗对比的近强远弱、物体色彩近纯远灰等规律，可以归纳出视觉空间变化的规律，可以使平面景物图形产生距离感和立体凹凸感。所以说透视最显著特点就是在二维空间的平面上产生三维立体空间。

其基本规律是：①等高的物体近大远小；②等宽的距离近宽远窄；③构成透视图中的物体在一定的视距内，越远越模糊，越近越清晰。

画建筑速写的一个重要基础就是要掌握好透视，透视把握的正确与否直接影响建筑场景的合理性、真实性。假设画者有着高超的绘画技巧，在线条与画面效果上处理得十分出色，但在透视方面出了错误，这也不能算是一幅成功的作品。一幅好的建筑速写作品必须符合透视规律，当然并不要求每一条线都按照透视原理去求，只要在大致符合透视规律的情况下，凭感觉经验来绘制，这样才能快速、游刃有余地表现好对象。学习透视更重要的是通过透视的规律与法则来指导认识事物，通过长期的训练形成一种透视自觉行为，用透视的眼光来看待所表现的对象。在没有通过透视训练的情况下，仅凭直觉很难把握对象的透视规律，往往出现透视错误。

无论画什么建筑场景速写，角度的选择很重要。取景的角度应保证既能体现对象的造型特征，又能充分表达对象的体积关系。角度选择后紧接着就是选定视平线的位置，不同的视平线会产生不同的意境与艺术效果。

二、透视图常用术语

① 视点（EP）：画者观察对象时眼睛的位置点。

② 足点（SP）：画者观察对象时站立的位置点，与视点在一条垂直线上。

③ 画面（PP）：人与景物间的假设面，这个假设面是透明平面。

④ 基面（GP）：通常指物体放置的平面，户外多指观察者所站立的地平面。

⑤ 基线（GL）：画面与基面的交线。

⑥ 视平线（HL）：观察物体时眼睛的高度线。

⑦ 视心（CV）：由视点正垂线于画面上的点，它在视平线上。

⑧ 视野（视圈）：光线经由眼球上的瞳孔进入视网膜而见物象，但瞳孔接受的物象有一个范围，像一个圆锥体，称为视锥。视锥内所呈现的景象称为视野。视野内的物象才是画面猎取的对象。60°视野范围内的视锥看物体不变形，属于正常的视觉范围。

⑨ 消失点（VP）：与视平线平行的诸线条在无穷远交汇集中的点，也称为灭点。

三、一点透视的特点及运用

一点透视又称平行透视或焦点透视，是最常用的透视形式。物体的两组线，一组平行于画面，另一组垂直于画面，不平行不垂直的线条聚集于一个消失点上。这点也就是画面的焦点，过这点做水平线就是视平线。一点透视中的这个消失点具有使画面中的景物表现出集中、对称和稳定的特点（图2-20、图2-21）。

平行透视的表现范围广、纵深感强，适用于表现庄重、严肃、大场景、大场面的题材。但视点位置选择不好，容易使画面呆板。

用一点透视的画法可以很好地表现出建筑物的远近和纵深感，在室外常用来表现延伸的街道、街道两旁近大远小的建筑以及宽阔的广场等。在室内则应用更广泛，是一种主要的表现手法，有利于表现室内空间的纵深感。

在实际的建筑写生中，首先需要确定好视平线和消失点的位置。这两者确定后，所有的建筑垂直线条都与视平线垂直，平行线条都与视平线平行，消失的线条都消失到消失点上。在选择消失点的时候要特别注意，不要过分的对称，过分对称若处理不好，画面就显得呆板。视平线的选择也是一样，人在室外画建筑，视平线一般比较低，如果视平线选择过高，建筑的高耸感就失掉了（图2-22、图2-23）。

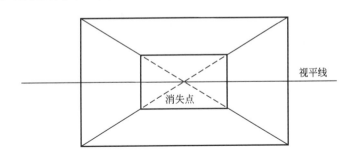

图2-20　室内一点透视原理图

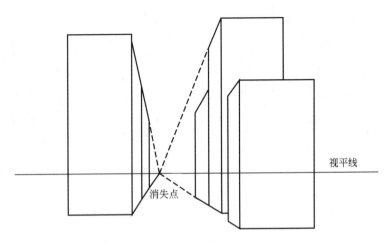

图2-21　室外一点透视原理图

视平线

图2-22 室内一点透视示例

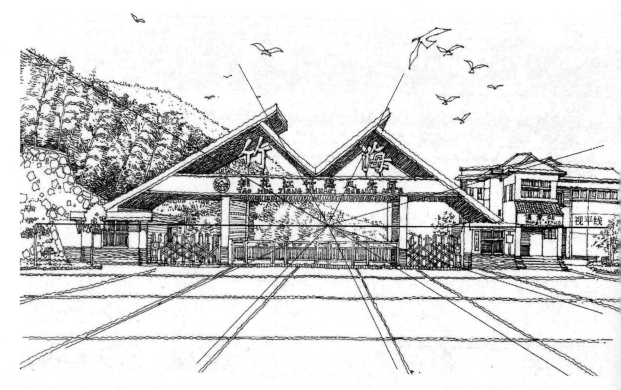

视平线

图2-23 室外一点透视示例

四、两点透视的特点及运用

两点透视又称成角透视或余角透视，物体有一组垂直线与画面平行，其他两组线均与画面成一定的角度（余角的两角之和为90°），而且每组有一个消失点，共有两个消失点（图2-24、图2-25）。

以两点透视画建筑速写，画面生动活泼，建筑体积感比较强，透视表示直观、自然，接近人的实际感觉，能够比较真实地反映空间。其缺点是若角度选择不准，容易产生变形。构图的好坏与一点透视一样，取决于消失点、视平线的选择，在作画时要求建筑的两边坡度不要一致，一高一低，一个消失点远，一个消失点近，产生变化，从而打破单调感。如果一组建筑群，有些局部建筑并没有遵循大的透视规律，则需要考虑视平线，使这些局部建筑的透视消失点在同一条视平线上（图2-26、图2-27）。

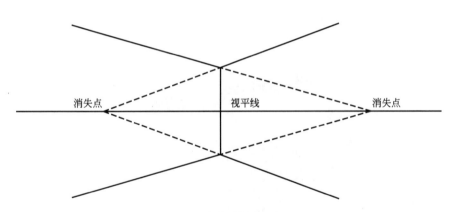

图2-24　室内两点透视原理图

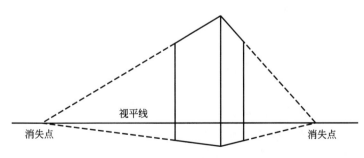

图2-25　室外两点透视原理图

视平线　　　　消失点　　　　　　　　　　　　　　　　延伸至消失点

图2-26　室内两点透视示例

消失点　　　　　　　　　　　　　　　　　　　视平线　　延伸至消失点

图2-27　室外两点透视示例

五、三点透视的特点及运用

　　三点透视又称倾斜透视或斜角透视，物体的三组线均与画面成一定角度，三组线消失于三个消失点，透视中透视画面与方形景物成竖向倾斜关系，与水平放置面成非垂直关系。如果画面倾斜于基面，即对象物体的三个主向轮廓线均与画面相交，在画面上就会出现三个消失点，根据画面倾斜的方式不同，可分为仰视图（图2-28、图2-29）和俯视图（图2-30、图2-31）。三点透视在室内透视图中较少使用，多用于高层或超高层建筑外观的表现图，以显示其高大挺拔的性格特点；或表现较大场景的鸟瞰环境。在画高层建筑如楼层较多的办公楼、宾馆、商场等大型公共建筑时，为了突出和夸张其高度，可用低视平线，以仰视的手法表现，这样建筑物高处的透视感强烈，使其有高耸向上、雄伟挺拔之感。在画配景时，不宜用高大树木，以避免和建筑物高度比例冲突。一般都在靠近建筑物的周围画些合乎比例而又成行的小树，又以车辆、人物的尺度，更好地衬托建筑物的高度。

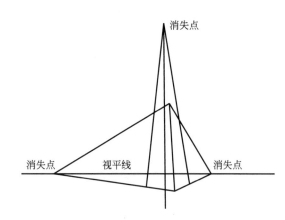

图2-28　三点仰视透视原理图

图2-29　三点仰视透视在室外建筑速写中的应用（肖志华 绘）

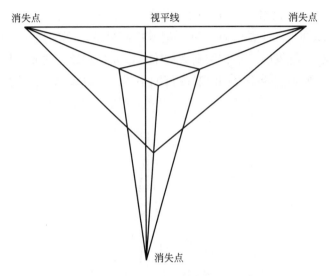

消失点　　　视平线　　　消失点

消失点

图2-30　三点俯视透视原理图

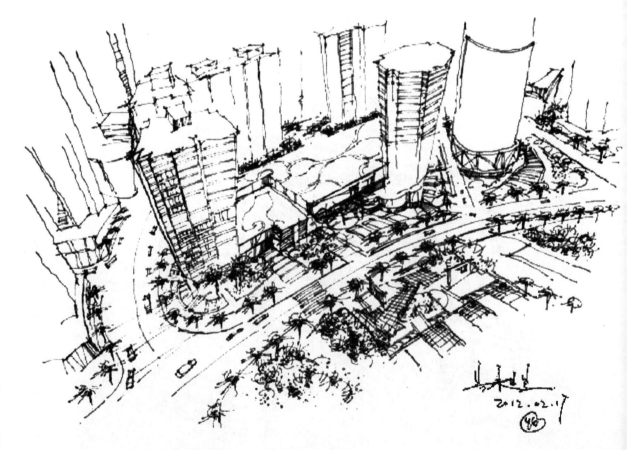

图2-31　三点俯视透视在室外建筑速写中的应用（易昶昱 绘）

第三章
建筑速写的表现
要素

3 Chapter

第一节　建筑速写的表现形式

建筑速写的表现形式有多种多样，有全部用线条来表现的，也有用线条与明暗结合的方式来表现，也可以用纯明暗的形式表现，以及多种方式综合起来的方法来表现，总之只要能很好地表现对象就可以了。当然每种形式各有千秋，表现的效果与艺术特色也大不一样，需要画者认真总结提炼。

一、以线条为主的表现形式

建筑速写最常用的表现手法是线条，线条是最富有生命力的，因为线条本身是变化无穷的，有长短、有粗细、有刚柔、有曲直、有顿挫、有浓淡、有虚实、有节奏……不同的线条反映出不同的情感，如线条的曲直可表达物体的动静，线条的虚实可表达物体的远近，线条的刚柔可表达物体的软硬，线条的疏密可表达物体的层次等等。运用线条的长短曲直、轻重疾缓、浓淡干湿、转折顿挫，表现出物体的轮廓体积、质感神态、虚实明暗、动势节奏等，从而达到突出对象的造型特征。

总之，线条的安排非常重要，它决定了一幅速写作品是否生动活泼，画面是否错落有致，情调是否动人。因此，应根据不同的对象，善于运用不同的线条来表达不同的质地、情感与意境。

1.画面的线条组织

以线条为主的画法需要特别重视画面的线条组织，线条组织包含两层含义：一是以实景为依据，从实景中归纳提炼出线条来构成画面；二是对线条进行黑白关系的疏密处理，线条不同的疏密变化构成了画面的黑白关系，也是画面构成的重要因素。

在组织线条的过程中，不能完全依赖于描绘对象，不可如实照描，而要大胆地对线条进行处理加工，细细体会每一根线的作用与韵味，使之获得完美的画面效果。线条的组织没有模式，没有固定的手法，其目的以表现物象情态与气韵为宗旨。线条的组织是一种带有理性分析成分较强的思维活动，针对描绘对象的特征与气韵，组织好画面线条，需着力于实践中不断探索研究，不断创新。

2.线条的运用技巧

以线条为主的速写，对线条的运用可从下面几方面考虑。

（1）利用线条的不同变化表现不同的形体特征和情感因素

在作画时要从形体内在结构去观察，抓住形体的本质特征，用精练的线条勾画出物体的主要结构和形体透视变化；并通过用线的轻重、缓急、抑扬顿挫，充分体现物体形象特征。

（2）利用线条变化表现空间层次

画面中的主要部分或者前面的形体，一般适于用浓重的、实的、粗的线条来表现，而其他次要的部分、后面的形体、远处的形体，则适于用淡的、虚的、细的线条来表现。

（3）利用线条变化表现不同质感

不同质感的物体，采用不同的线条。一般情况下，质地硬的物体，适于用比较刚健的线条来表达；质地柔软细腻的物体，适于用柔细的线条来表现；外型明确光滑的物体，适于用实线条来表现。

（4）通过线条的疏密不同排列和相互衬托来表现物体的空间层次和形体之间的关系

如果画面中主要的形体结构比较复杂，需用密集的线条来表现时，其他次要形体则适于用疏散的线条来表现。如果主要的物体结构比较单纯，需用虚线时，则周围其他次要形体适于用密集线条表现。这样，画面中通过线条的集散不同排列，疏密相互衬托，能够充分地表达物体之间的层次空间关系。

图3-1、图3-2两幅作品采用线条的形式表现，细而不腻，繁而不乱，画面清新舒畅，体现了画者深厚的驾驭能力。

图3-1　线条运用示例（1）（彭俊 绘）

图3-2　线条运用示例（2）（彭俊 绘）

二、以调子为主的表现形式

调子速写是通过光线照射在物体上所产生的明暗调子的变化来表现物体的形体特征，也称块面法。任何一种物体都是由许多体面构成，要善于运用明暗调子变化的视觉效果来表现物体的形体特征与空间关系。

速写的色调表现与素描是有区别的。速写的色调要求更为概括和简明。从物象的体面出发，抓住受光和背光两个主要部分调子的对比和衔接关系，处理好明暗交界线上的形体变化，并要强调明暗两大部位调子的对比。以黑白为主，减弱画面中间复杂调子层次，不能像素描一样调子细腻丰富，要抓住主要的形体明暗特征，处理好整个画面的明暗效果。

在实际的速写中需要处理好两种调子：一是物体本身的固有颜色；二是光影形成的明暗调子。要对这两种明暗调子进行黑、白、灰的归纳，利用这两种调子的变化来表现物象形体特征和画面的韵律感。

作为绘画工具，铅笔、炭笔绘画调子效果比较好，可以用不同的笔触画出丰富的调

图3-3 明暗画法（彭俊 绘）

子。如果用钢笔的话，组织色调相对较慢，画幅不宜过大。

在实地写生时，由于受到时间及环境的条件限制，往往把大部分精力倾注在对物象的结构和形态特征的刻画上，不太可能在现场对光影关系做深入的刻画。可以现场拍照回去参考，或者靠记忆在家里对未完成的作品进行加工，直到完成。

图3-3作品采用铅笔以明暗的手法绘制，画面清新，刻画精彩。

三、以线条结合调子为主的表现形式

线条结合调子表现是建筑速写中的一种重要的常用艺术形式，在实际作画中无论是单纯用线，或单独用明暗块面，都有一定的局限性，如单独用线条无法充分再现对象的空间感和体积感，而单纯用明暗块面有时又无法表现对象流畅生动的线条。因此，线条与明暗调子结合画法可扬两者之长而避其之短，生动丰富地表现各种对象。

线条与调子结合的速写是以线条为主加调子、或以调子为主加线条的画法。这种综合画法，比单纯的线描画面更加生动活泼、变化丰富，尤其有利于画面主次、虚实层次的表达，从而能够充分表达物体的形状、体积、质感等效果。

图3-4、图3-5作品是笔者在益阳古道街用中性笔绘制，画面采用竖构图的形式、线面结合的画法，勾与擦结合，先用线条勾勒对象结构，再用中性笔侧锋皴擦的办法画出调子。

图3-4　线条结合调子画法示例（1）（肖志华 绘）

图3-5　线条结合调子画法示例（2）（肖志华 绘）

图3-6　钢笔与马克笔的结合画法（彭俊 绘）

四、综合画法

　　建筑速写的综合画法，是指用多种工具材料结合来作画，比如钢笔、马克笔、彩铅笔、色纸、水墨等材料结合绘制，由于采用多种手法绘制处理，画面产生一些特殊效果。综合画法需要充分考虑材料与材料之间的配合性，有些材料搭配作画效果并不好，有些搭配使用却很好。比如钢笔与马克笔的搭配使用，先用钢笔画好建筑线稿，再用马克笔来处理阴影明暗，用好了效果非常漂亮。

　　建筑速写的每一种画法都有其自己的特点和效果，需要分别研究实践才能很好地掌握。每位画者要根据自己的喜好、性格特点、工具材料等要素选择不同的表现方式，这样才能够驾轻就熟。另外只有多画、多练，才能很好地发挥出不同表现形式的魅力（图3-6）。

五、个性化语言

　　个性是艺术家永恒的追求，没有个性的作品是没有生命力的，建筑速写也一样需要个性化语言。个性化艺术语言的形成不是一蹴而就的，需要画者长年累月的实践，然后在实践的过程中慢慢总结出适合自己的语言方式。这些语言往往是自己个性的直接流露，具有强烈的艺术感染力。有些画者画出来的线条奔放、活跃、流畅、节奏感强烈，让人激动兴奋；有些画者画出来的线条优雅、文静、甜美，让人陶醉。有些作品结构紧凑，画面铿锵有力；有些作品轻松活泼；有些作品大刀阔斧；有些作品娓娓道来。

个性化语言是艺术家个性、修养、技法、阅历、感知的综合体现。古今中外艺术家都非常重视艺术个性语言，给我们留下了大量的作品，这些作品是我们宝贵的财富，是我们学习的一扇重要窗口。

图3-7作品画面繁而不乱，疏密组织恰到好处，线条极富个性，活泼流畅、生机勃勃，普通小景在画面上呈现出来，极具生命力。

图3-8作品表现的是一栋老房子的局部，画面宁静、雅致、舒畅，线条与皴擦结合，疏与密、黑与白的交织，组成了这幅画的节奏和韵律。

图3-9作品线条活泼，富有激情，对象结构、透视把握准确，校园小景趣味浓厚，画面主次处理恰到好处。

图3-10作品采用中性笔勾与皴擦结合作画，富有激情，画面苍劲、古朴有力，主次、虚实处理恰到好处。

图3-7 遗风（王朝晖 绘）

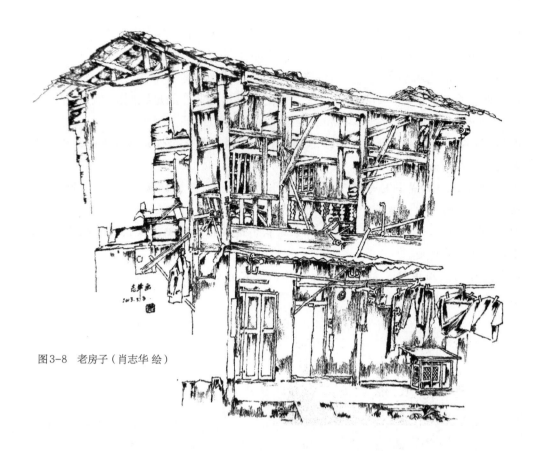

图3-8　老房子（肖志华 绘）

图3-9　校园一角（刘音 绘）

图3-10　古道街一景（刘顺湘 绘）

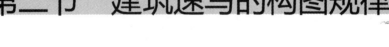

第二节　建筑速写的构图规律

一、构图原理

　　构图也叫布局，指画面的组织形式，在绘画时根据题材、主题内容和形式美感要求，把所要表现的形象适当地组织和安排，以构成一个协调完整的画面。

　　构图包括两种基本类型：一是直观性构图，将客观物象通过组织、概括、取舍等艺术手法，再现自然，一般是指写生性绘画；二是推理性构图，作者通过主观感受、理解，根据内容与形式的需要，依据形式美感的法则，进行推理、规划性构图，一般是指创作性绘画。

　　构图是建筑速写的首要问题，在进行建筑速写写生时需要对描绘的对象按照美的法则进行组织安排。构图必须遵循一些基本的美学要求，合理选择、搭配和组织形象；遵循均衡性和多样统一的原则，使画面完整、内容明确、主次分明、气韵生动。

　　构图是一幅速写作品的骨架，物象在画面中占有位置和空间所形成的画面分割形式，直接影响到画面的好坏、平淡与新奇。在有限的纸张上如何安排好所要表现的形、线、黑、白等空间分割问题，所要画的东西在画面中有多大多小、是上是下、空白留多少、留在什么位置上比较合适等，这是画速写首先遇到的问题。速写的画幅是有限的，要想在有限的画幅中求得无限空间，依靠的是多变，即在变化中求得线、形、色的相对均衡，求得视觉上的舒适。

　　尽管前人已创造出了许多美好的作品，也总结出了许多构图上的形式规律，但构图处理并无固定的模式。构图往往是因人、因物有感而发，一切为了画面所需进行勾画。现代人可以冲破旧式的均衡、稳定与和谐，出新奇而制胜，比如寻求一种新的平衡，达到新的稳定和谐；或强调画面形式的新奇、美感和冲击力，以崭新的现代构图方式来表现作品的意境，这也许更符合现代人的审美需求。

　　图3-11作品是在古道街所作，画面采用普通的横构图形式。为了表现生活场景，视角上采用平视的角度。景物在形式上并不丰富，为了使画面不单调、主次明确，作品主观上进行了疏密、形式结构的处理。房子一大一小、一前一后的安排；瓦片省略，仅画出轮廓线；前面的生活场景做了深入细致的刻画。当然所有的形式、结构、疏密等安排都要符合美的法则。

图3-11　建筑速写中的构图处理（肖志华 绘）

二、选景

1.观察与发现

在室外画建筑速写，首先面对的是选景问题。不是所有的景物都可以入画，有些景物在不处理的情况下画出来就是一幅很好的画，而更多的景物是需要提炼概括，进行艺术处理才能构成一幅完美的作品。有些景物在某个角度表现就很好，而有些景物换个角度来表现则更好，因此在选景时通常需要对对象进行不同角度的观察，以找到最佳表现位置。

应当指出：选景的过程也是一次审美的过程。在绘画实践中，面对同一景物，不同的人会有不同感受。有的画者会因此而感到异常兴奋，有的画者则会无动于衷。这表明画者之间存在景物感受力的差异。所谓对景物的感受力，实际上指人们对景物的线条美、结构美、色调美、空间美等各种美的因素的一种综合感受力。

对景物美的感受确实很重要，在作画之前，一定要感受到所选景致的美，要让美刺激你、陶醉你，使你兴奋。只有这样，所画作品才有可能感人。先要感动自己才有可能感染别人。如果你面对一处景致毫不激动，对绘制对象无动于衷，建议不要画，因为画也画不好的。

其实景物之美无处不在，我们要学会发现，正如罗丹说过的话："世界不是缺少美，而是缺少发现美的眼睛。"

面对一处景致，在作画之前要想一想：这幅画究竟要画什么？主体是什么？目的明确是画好画的关键。因此，在选景时就有一个酝酿的过程，在确定了所画对象后，就要开始考虑画面的安排、主次关系、疏密关系、形式结构等问题，做到胸有成竹（图3-12、图3-13）。

图3-12　古道街一景（肖志华 绘）

图3-13　仰望（陈泉 绘）

2.角度的选择

角度的选择对于表现建筑极为重要，同一个景物从不同的角度去构图，会产生截然不同的画面效果。应该选择有美感且能够打动人，并能够充分体现建筑特征的角度加以表现。

关于建筑物的角度选择，一般不要选择建筑物的正面或侧面，因为单个面的画面很容易单调、缺乏变化，也很难表现建筑的体积感。当然这也不是绝对的，比如建筑群可能就没有这个问题。总之要求画面形式结构要丰富，不能单调。另外在视角的选择上要避免建筑物的两个立面面积接近，从而缺乏主次、显得刻板。最好是选择主立面占三分之二的角度，把主要精力用到刻画主立面上，使画面主次分明、生动活泼。当然，面对不同的建筑要具体分析，根据具体情况来处理，切不可生搬硬套。

视平线的选择也是一个重要的因素，是仰视还是平视或是俯视，这些问题都得在动笔之前考虑清楚。

总之，构图角度要根据具体对象来选择，要从利于表现对象的角度选择。完美地表现对象才是目的。

图3-14作品是在益阳古道街的写生作品，采用省略远景、突出近景的表现方式，有利于表现对象的细节。对老房子的一角进行了细致、认真、结实的刻画，生活味浓厚；建筑古朴、斑驳。

图3-15作品采用仰视的形式构图，对弯曲的小路与房子做了细致的刻画，用笔轻松，意境突出。

图3-14　建筑速写中角度的选择（1）（肖志华 绘）

图3-15 建筑速写中角度的选择（2）（刘顺湘 绘）

图3-16　建筑速写中角度的选择（3）（刘音 绘）

图3-16作品以平视的角度取景，线条富有激情，以建筑物为表现主体，远景、中景、近景的关系处理较好。

三、构图基本要求

1.均衡

构图是一幅绘画作品的基础框架，对主体的定位、物体间的位置关系以及整体的效果影响很大。而构图的均衡是对画面中不同形状的物体提出的，要求达到"量"相同的视觉效果。画面上下、左右物象的形状、大小、深浅、线条的疏密，应给人以视觉的重量均衡。画面均衡中的重量，不是物理意义上的重量，而是视觉、感觉上的重量。如：深色物象比浅色物象重，活的物象比静止的物象重。在画面中物象、黑白色块、线条疏密等距画面中心支点越近，重量感越轻；反之，重量感越重。构图中不仅要注意画面左右的均衡感，也要注意画面上下的均衡感。物象被安排得偏高，就会有上悬、飞升感，反之，则会有下坠感。

画面的均衡具有对应性和边框限制性。但画面的对应均衡状况无法用精确的数据来衡量，只是凭感觉、经验做出判断。一幅画面的构图若缺乏均衡因素，构图就会不完整，均衡起着平衡画面的作用。在构图中强调此规律，源于均衡体现变化之原理，均衡能让画面富有动感、变化和视觉平衡舒适性。

图3-17（a）中心支点只有一个物体，画面感觉均衡。

图3-17（b）中心支点右侧加了一个物体，画面向右倾斜而失衡。

图3-17（c）中心支点左侧有一个物体，画面向左倾斜而失衡。

图3-17（d）左右物体大小相同，与中心支点距离相等，画面感觉均衡，属于对称均衡。

图3-17（e）右侧物体大，离中心支点近，左侧物体离中心支点远，画面感觉均衡。在构图中大量的均衡样式是非对称式均衡。

图3-17（f）左右物体等大，离支点距离相等，右侧物体颜色深，感觉比左侧物体重，画面向右倾斜，有不均衡感。

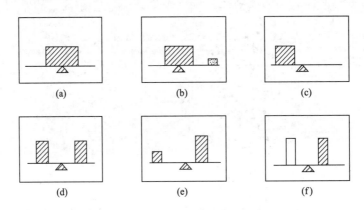

图3-17　均衡原理示意图

均衡原理在建筑速写中的运用如图3-18、图3-19所示。

图3-18　均衡原理在建筑速写中的运用（1）（肖志华 绘）

图3-19　均衡原理在建筑速写中的运用（2）（王朝晖 绘）

2. 节奏

节奏就是气韵、韵律，作品中节奏处理得好不好直接影响作品的好坏。在构图中，通过将所描绘对象中各个不同元素进行合理组织安排，形成有变化的序列，从而产生画面构图的节奏。

在一幅建筑速写完整的节奏序列中，建筑主体为视觉中心，也是节奏变化最强烈的部位。画面的视觉中心并不一定是画面中央，而应该是视觉上最有情趣的部位，画面中的其他部分应为这一中心服务，节奏变化要做到渐次减弱。

在建筑速写中，构图中的前景、中景、背景这三个大的层次关系要有主次之分。若构图中心的重点在前景，那么前景就要重点绘画，节奏变化要强烈，同时减弱中景的节奏变化，使画面节奏序列清晰、层次分明、有主有次。总之，节奏在构图中起着突出主体、使画面产生韵律美的作用（图3-20）。

图3-20　节奏在建筑速写中的运用（刘音 绘）

四、构图形式

对建筑速写构图的研究，实际上就是对形式美在建筑速写中具体结构呈现方式的研究。构图的基本形式，一般可以概括为基本的几何形，其构成画面的总体框架。它应对画面一切复杂的形象做最简洁的概括和归纳，使杂乱、琐碎的物象统一在简约的几何形中，突出主体形象的特征。结构鲜明的基本几何形用在构图上，只是取其近似值。具体的和个别差异变化是多样的，更何况有些构图很难找到其基本形式。因此，表现形式不是绝对的，它只能提供对建筑速写表现形式的帮助与参考，应针对不同的具体内容采用不同的构图形式，切忌生搬硬套。

经典的表现形式结构是历代艺术家通过实践用科学的方法总结出来的经验，适合人们共有的视觉审美经验，符合人们所接受的形式美的法则，是审美实践的结晶，是后人学习的资源宝库。吸收前人的经验对我们画建筑速写非常有用。

下面对一些常用的构图形式进行阐述。

1.九宫格构图

九宫格构图（也叫三分法构图）属黄金分割比的一种形式，即以"井"字的形式将画面纵横分成三份，形成九个相等的方块，九个方块的交叉点就是主体的最佳位置，实际上这几个点都符合"黄金分割定律"。一般认为，左上方的交叉点最为理想，其次为右下方的交叉点，但也不是一成不变的。这种构图格式较为符合人们的视觉习惯，使主体建筑自然成为视觉中心，具有使画面、突出趋向均衡的特点（图3-21）。九宫格构图在速写中的运用如图3-22所示。

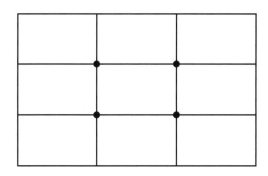

图3-21　九宫格示意图

图3-22　九宫格构图的运用（彭俊 绘）

2.横向构图

横向构图指建筑景物呈横向排列，这种构图的特点是：视觉上横向拉伸，有一种视野开阔、畅达旷远的平远效果（图3-23）。横向构图在速写中的运用如图3-24所示。

图3-23　横向构图示意图

图3-24　横向构图的运用（肖志华 绘）

3.纵向构图

纵向构图的特点是：建筑景物呈纵向，以竖向线形构成画面，视觉上纵向拉伸，给人一种沉着、稳定、挺拔的感觉（图3-25）。纵向构图是一种常用的构图形式。在速写中的运用如图3-26、图3-27所示。

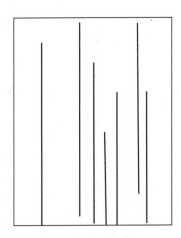

图3-25 纵向构图示意图

图3-26 纵向构图的运用（1）（陈泉 绘）

图3-27　纵向构图的运用（2）（贵树红 绘）

4.三角形构图

以三点形成一面的几何形安排景物的位置，形成一个稳定的三角形。这种三角形可以是正三角，也可以是斜三角（图3-28）或倒三角，其中斜三角形较为常用。不等边的三角形构图，在平稳之中还具有流动、活泼的气息。

正三角形画面构图给人稳定的感觉，画面的视觉焦点基本上位于画面的中间位置，这种构图又称为金字塔形构图，它是比较常见的构图形式之一。三角形构图常用来表现被摄对象的高大和伟岸，并能在画面上产生坚定的、不可动摇的稳定感。圆形构图比较灵动但是缺乏棱角；方形构图虽有棱角，但容易陷于呆板；而三角形则融合两者之所长，既灵动又有棱角，因此成为画者们较为钟爱的构图形式。

正三角形有安定感，倒三角形则具有不安定的动感效果。没有变化的形式会流于单调、死寂，有了变化的形式就会更加丰富，且具有活力。倒三角形，就像字母"V"，由两排对面平行的竖直物体，在近大远小的透视关系中汇聚而成。这种构图形式以三角形的尖端向下，颠覆了金字塔式重心在下的稳定式构图，常常用于突出前景的画面。三角形构图在速写中的运用如图3-29所示。

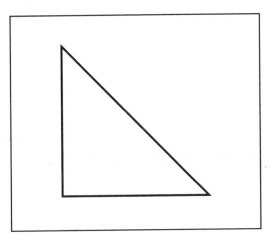

图3-28　三角形构图示意图

图3-29　三角形构图的运用（肖志华 绘）

5.S形构图

S形构图（图3-30）的画面是最富于变化的曲线构图，其优美感得到充分的发挥。首先，曲线的韵律美感给人以流畅而活泼的感觉；其次，S形构图动感效果强，既动且稳。一般情况下，S形构图的优美线形都是从画面的左下方向右上方延伸。

在风景画中，S形的顶端能把人的视线引向远方，把有限的画面变得无限深远。S形所形成空间给人以暂时的视觉停顿，有一种过渡，同时又能使画面具有一种宽裕、舒畅的轻松气氛。S形构图在速写中的运用如图3-31所示。

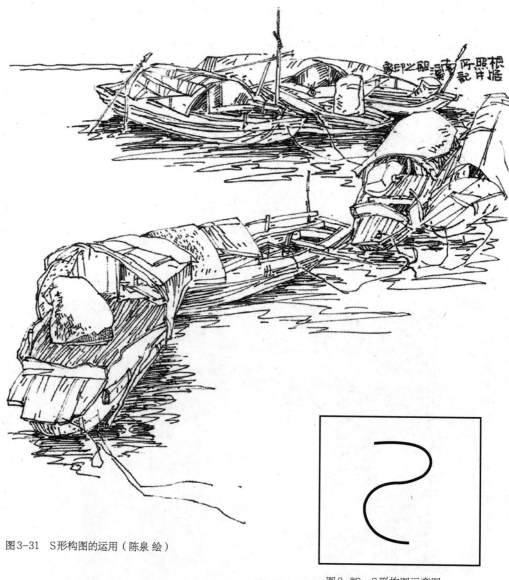

图3-31　S形构图的运用（陈泉 绘）

图3-30　S形构图示意图

6.满构图

满构图，顾名思义，就是在纸上全幅描绘和安排景物的构图形式。其特点是画面内容丰富、饱满。采取满构图形式需要小心处理画面，处理不好会使画面有一种沉闷、拥塞之感。既要做到大面积的"密不透风"，又要考虑到小面积的"疏可走马"。此时，小面积的留白就是画面的点睛之处，显得愈发重要，需要好好把握，计白当黑，其大小、形状、位置都要深思熟虑（图3-32）。满构图在速写中的运用如图3-33所示。

图3-32 满构图示意图

图3-33　满构图在速写中的运用（刘子裕 绘）

7.框景构图

框景构图是一种非常有意味的构图形式，即以近景建筑的某个中空部位（如门洞、漏窗、柱廊等）作为取景框，有意识地把观画者的视线引入其中，框中物体自然便成了画面的视觉趣味中心，并对其进行具体深入的刻画。而对于作为框景的建筑构件则进行概括处理，加强二者的主次或明度对比关系。若平均对待，则索然无味达不到意想的效果（图3-34 ~ 图3-36）。

这里列举的仅仅是一小部分构图样式，构图形式是多种多样的，也反映了艺术表现形式的多样性。对艺术而言，没有绝对的标准可以衡量，每个画者可以将法则铭记于心，但重要的是要根据不同的实际感受，来确定画面的基本构图形式。对于这些法则，可以打破，也可以创新，"不破不立"，前人也是在不断超越他的前人基础上而发展的，重要的是学习、摸索和总结。

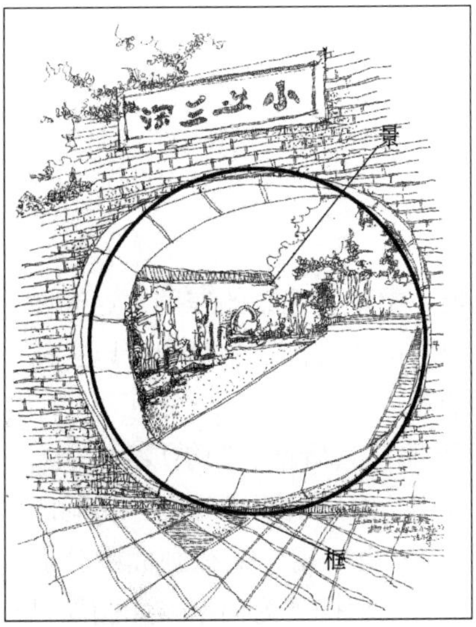

图3-34 框景构图示意图

图3-35 框景构图的运用（1）（蒲生辉 绘）

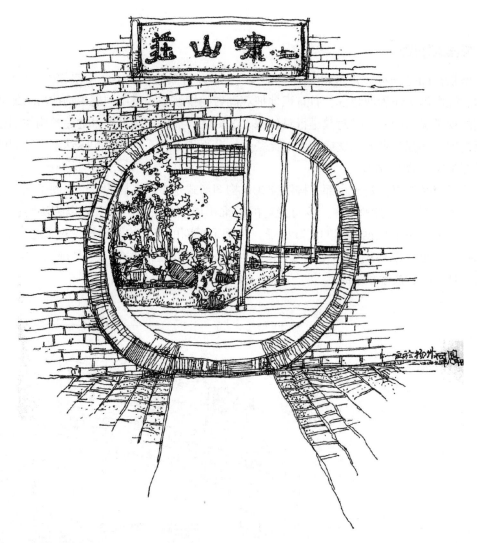

图3-36　框景构图的运用（2）（蒲生辉 绘）

五、画面层次的处理

　　画面层次是指在建筑速写的表现中尽量使景物有近景、中景、远景的差别，这样便于把握画面的整体感觉，加大画面的空间层次。通常画面的主体安排在中景上，以主体协调近景与远景的关系，从而使主体的形象更突出、更鲜明。

　　在室外建筑写生时，面对复杂的景物空间，要有意识地将其概括、归纳成远、中、近三个空间层次进行表达。当然，随着画者表现技巧的提高，经验的不断丰富，空间的组织将有更大的自由度。既可将画面空间层次划分得更细、更丰富，如在画面中分远景、远中景、中景、中近景、近景等，也可将画面空间层次处理得更为简单，如画面只有远景和中景或中景和近景，处理得好，同样很美。

图3-37、图3-38两件作品采用中性笔写生绘制，在处理画面层次上十分老练，前景与后景区分明确，调子丰富，虚实结合，用笔轻松，意境丰满，生活味浓厚。

图3-37　画面层次的处理（1）（刘顺湘 绘）

图3-38　画面层次的处理（2）（刘顺湘 绘）

六、视觉中心的处理

　　建筑速写十分讲究画面视觉中心的处理。所谓视觉中心，就是画中引人入胜之处，也就是画面的主体、精彩之处、最打动观者的部分，称之为画面的构图中心、视觉趣味中心或视觉焦点。这个中心是牵动画面各个关系的主体部分，画者应精心处理。在一幅画中，视觉中心的选择和处理不可太多，最多不超过两个（两个之中也有主次之别），多则散，也便没有了焦点。视觉中心也是构图的中心，在作画顺序上首先要考虑好它的位置，然后再考虑次要物体与之相陪衬。没有视觉中心的画面，会给人以平淡、散漫、缺少生气的感觉。因此在确定视觉焦点后，应该认真地权衡它与环境及其他建筑物的关系，既不应过分、刻意地突显，也不应等同于其他部分。

　　对视觉中心的刻画要注意以下几点。

　　（1）要注意对画面主次的处理，强化主体物的描绘，弱化次要物体，在主次之间形成一种关系，从而达到突出主体的目的；

　　（2）利用好疏密关系。疏密对比是一种建筑速写中最常用的手法，在刻画主体物与其他物体时，主观上处理成一种有疏密变化的关系，以达到突出主体物的目的；

　　（3）利用色调的明暗变化处理，在画面的主次关系上形成一种明暗变化，突出主体，强化视觉中心。

　　其他的方法，如通过路面的方向、人物及车辆的朝向、植物的排列等，把人的视线引向视觉趣味中心。方法是多样的，需要画者在写生的过程中多实践总结，多探索，才能画出好的作品。

　　图3-39作品采用一点透视入画，建筑屋檐的线条引导视线向消失点集中，画者对房子进行了大胆的省略处理，以消失点为视觉中心，围绕消失点刻画，把主要精力集中在前景的建筑刻画上，以突出主次关系。

图3-39　视觉中心的处理（彭俊 绘）

七、概括与取舍

概括与取舍是建筑速写中常用的画面处理手法。概括、简练是速写的特性。在画速写的过程中，始终应注意"以少胜多"，用最简洁的笔法去概括表达对象的主要形象特征。要做到这点，关键是在画对象之前，观察时就应把重点放在对象主要特征的把握上，不要受局部细节的干扰。在刻画时运用一定的处理手法和形式美法则对景物进行艺术处理，把自己的创作意图通过艺术语言传达给观者。这不仅需要有坚实的造型能力，还需要有对画面整体的把握和掌控能力，同时还要倾注画者的感情，这样才能使作品带给人以强烈的感染力。

自然界的事物纷繁复杂，一瞥之间视线所及的物象尽收眼底，但速写不同于照相，画速写的时候需要概括和提炼，需要艺术地再现所看到的事物。保留那些最重要、最突出和最有表现力的物象，并对其加以强化；而对次要的、纷繁复杂的物象进行概括、归纳。把自然之中的韵味有条不紊地表现出来，避免机械呆板、没有层次感，从而获得韵律感、节奏感，并且更突出主体建筑的造型特征。

取舍包含两层意思，一是"取"，二是"舍"。取舍就是提取有意义、有美感且符合构图需要的形象，舍弃与主体无关且对构图造成不利影响的形象。细节的刻画是没有穷尽的，过多的细节反而会削弱画面的艺术效果。那么到底怎样取舍，这个问题不能简单画出界限，应根据不同的对象而有所区别。如画建筑风景时，树木多可以简略甚至可以移境；画汽车时，车里的人可以省略；画人物动态速写时，面部五官甚至可以省略。再比如，主体建筑的前面有一堆杂物，遮挡了建筑最美的地方，那么就要毫不吝啬地把它舍去；反之，如果主体建筑前面很空荡，我们就可以环顾周围有没有合适的配景可以添加到画面中，如人物、灌木、汽车、石板路面等，但要注意所添加的配景内容、大小比例要和画面整体协调一致，只能是锦上添花，切不可喧宾夺主。总而言之，取舍是根据要表现的目的而决定的，并且是以画面的主题和构图的需要为前提。

图3-40作品是画巷子一景，画者大胆地对两边的房子进行概括省略，仅画出轮廓动态线，以突出主体物。后面房子上部分也只是简单的交代，画面主次、疏密关系恰到好处。

图3-41作品，画者选了一个比较难处理的景，处理不好画面就会很平。但景物非常有味道，斑驳、古朴、沧桑的老房子，因为是街边的房子，人站在街上视距太近；同时面对的是一排整齐的房子，给表现带来了难度。画者较好地解决了这些问题，对中间主体房子两边的房子进行主观的简化省略，中间主体房子上下也做主次安排，下面主观上对调子进行省略。

图3-42作品，画者选择了一栋小房子来表现，精心刻画以表达老房子的岁月，对周围及后面的景物进行了大胆省略处理，仅画出一点陪衬线条，画面关系明确，主体突出。

图3-40　概括与取舍的运用（1）（刘述 绘）

图3-41 概括与取舍的运用（2）（尹复本 绘）

图3-42 概括与取舍的运用（3）（颜淑慧 绘）

八、用好对比

对比是绘画中最重要的形式美法则之一，是画者创造画面艺术趣味的重要手段。任何一门艺术，都要讲究对比的艺术效果。若少了对比，画面就会平淡无奇；如果对比因素太过，则会显得杂乱无章。这就是"对立统一"规律，是创造美的最基本法则。在运用对比的时候要注意度的把握，在对比中求得画面统一。根据需要拉大对比或减弱对比，创造出不同的艺术效果。

一幅好的建筑速写，往往是诸多对比关系的集体运用。在建筑速写中常用的对比关系有疏密对比、虚实对比、明暗对比、面积对比、大小对比、方圆对比、曲直对比等，其中最主要的对比当属疏密对比、虚实对比和明暗对比。下面对这几种常用的对比分别介绍。

1.疏密对比

疏密是指单位面积内线条的密集程度。中国画常讲"密不透风，疏可走马"，其实强调的就是疏密对比。线条的疏密对比也是建筑速写中常用的技法，疏密程度的不同，画面可取得黑、白、灰的不同效果。

建筑速写在画线时，疏密、繁简的取舍是此画中的"精髓"。根据画面的需要，有些物象要化繁为简，甚至只表现其简单的轮廓线，有些物象则需要增加线条的密度。通过以疏衬密或以密衬疏，使物象之间层次分明、形象突出，使画面更具有艺术趣味。这对初学者来说是个难关，因为初学者对画面效果没有预设，面对复杂的景物缺乏分析、理解、概括和提炼的能力，常是"依葫芦画瓢"，见到复杂的景物就画复杂，见到简单的就作简单表现，导致画面效果欠佳。在作画时，常常需要从画面构图、布局、主次、疏密等关系出发，运用繁物简述、简物繁述的技法来处理画面。

用线描的手法表现对象时，不管对象如何复杂，只要对它们进行合理的归纳，把疏密关系处理得当，做到以疏衬密或以密衬疏；以其一为主，二者相互穿插，就能把较复杂景物的空间层次有条不紊地表现出来。

图3-43作品采用竖构图的形式组织画面，充分运用了疏密手法来处理画面，以疏衬密、以密衬疏。以天空地面的"疏"衬托出主体建筑物的"密"，主体建筑物这个"密"的中间也有着更密的"密"的部分，同时也留出了一些宝贵的白色块"疏"，在疏与密的交织下组成了这幅画面。

2.虚实对比

虚实对比是绘画艺术中的重要处理手法，是体现画面节奏气韵、表现空间感和突出主体的一个重要因素，建筑速写需要充分用好这个手法。虚实对比可以近实远虚或远实近虚，右实左虚或左实右虚，主体实，次要物体虚。

在建筑写生中，常用线条的疏密、颜色的浓淡来体现物体之间的虚实。

图3-43 疏密对比在建筑速写中的运用（肖志华 绘）

图3-44　虚实对比在建筑速写中的运用（刘顺湘 绘）

　　图3-44作品充分运用了虚实对比来处理画面，画面内容不是很多，节奏感却很强。画者对房子与后面陪衬景物做了精心的安排，房子实，陪衬景物虚；实中也有虚，虚中也有实。在刻画房子时前后、上下都做了虚实的处理，在后面的陪衬景物虚中也有着相对的实，虚与实的度的把握需要根据画面效果来定，没有一个固定的模式。

3.明暗对比

　　明暗对比包括光源照射和物体本身颜色两种情况。

（1）光源照射产生的明暗对比

　　光的产生给自然界带来勃勃生机，光的照射使物体产生了受光和背光的变化，同时也产生了阴影。光源的强弱、角度方向的不同所产生阴影的长短和深浅也不同。利用光影变化来刻画建筑物各界面的凹凸变化，从而营造画面对比鲜明的气氛，是建筑速写常

图3-45　明暗对比在建筑速写中的运用（1）（陈学浪 绘）

用的手法。因为建筑景物在阳光照射下，会产生强烈的明暗反差，作画时可利用这点突出建筑的外部特征，丰富界面的变化，若处理恰当会使画面变得更生动、更鲜明、更具立体感和节奏感。

　　图3-45作品强化光与影的对比，用密集的竖线排列刻画阴影，突出光感，对阴影的面积做了归纳，画面主次疏密明确。

　　（2）物体本身黑白灰的颜色差异所产生的明暗对比

　　这种对比在速写画面中主要依靠线条的疏密程度不一样来表达。不管是什么情况的明暗都要进行黑白灰色块的归纳，这样画面才会好。

　　图3-46作品做了明确的归纳设计，弱化光影，在黑白灰色块的大小上做了点线面的精心安排，以达到丰富画面效果的目的。

图3-46　明暗对比在建筑速写中的运用（2）（刘子裕 绘）

第四章
建筑速写配景

4 Chapter

　　建筑作为速写的主题，不是孤立存在的，而是与环境共同存在于特定的空间之中。建筑环境有优美的自然环境，也有人工巧妙设计的园林环境等。山、水、树木与建筑共同呈现出静止的景观，人、车、船等是建筑环境的流动景观，建筑与环境成为不可分割的有机整体。

　　在一幅建筑速写作品中，建筑物固然是主体，但任何建筑都是与其周围环境共存的。因此，在进行建筑速写时，对其周围配景的绘制与表现同样重要。建筑速写配景是指与主体建筑物相陪衬的，对画面起到补充和协调作用的其他景物，是建筑速写中不可或缺的一部分。对这些配景进行合理有效的搭配，可以使画面更加生机勃勃、丰富多彩，在一定程度上起到打破呆板格局、突出建筑个性、深化主体、烘托建筑气氛的作用。建筑速写配景宜以人物、植物和车辆等为主。人物的大小、前后及衣着姿态对于烘托空间的尺度比例，说明环境的场合功能很有作用。植物的形态最能表现地区气候特征，热带树木叶阔枝繁、温带树木挺拔疏朗。车辆安排得当能够平衡构图，给画面带来动感。

　　值得提醒的是，在一幅完整的建筑速写画中，其主体应该是建筑物，以建筑物为重点，配景只能给画面起衬托作用，切不可主次不分或喧宾夺主。在处理画面的配景时，应本着同主体建筑物和谐、自然的原则，配景在画面所占面积多少、色调的安排、线条的走向、人物的神情动作，都要与主体配合紧密，不能游离于主体之外。

　　由于画面布局有轻重主次之分，所以位于画面上的配景常常是不完整的，尤其是位于画面前景的配景，只需留下能够说明问题的那一部分就够了。配景贪大求全，主体建筑反而会削弱。要从实际效果出发，取舍配景，把握好分寸感是配景的要点（图4-1、图4-2）。

图4-1　配景在建筑速写中的运用（1）（刘音 绘）

图4-2　配景在建筑速写中的运用（2）（刘子裕 绘）

第一节　植物配景

植物是大自然中最常见的景物之一，堪称是大自然赐予人类生存环境最美的造物。其中树木是建筑速写中最常见的配景。画好树木能起到烘托建筑，丰富画面层次，活跃画面气氛的作用。树木种类繁多，姿态万千，无论是挺拔坚韧的白杨，还是俊美秀丽的垂柳，都有着自己独特的风格和美感。古往今来，树木一直是画者笔下永恒的表现对象，历来被画者、建筑师所重视。树木在人的心中是不朽的形象，它可以给人以丰富的美感润泽和多重的情感体验。所以，树木在建筑速写中虽是配景，却能引起画者充分重视。

总之，建筑速写中树木的刻画是一个非常重要的课题，不同树种的组织、搭配、间隔以及不同的表现方法，会使画面产生不同的效果。应该反复摸索体会总结经验（图4-3、图4-4）。

图4-3 植物实景与写生（肖志华 绘）

图4-4　植物写生（吴冠中 绘）

一、树的基本形体特征

建筑速写中，画树的难点往往在于树的结构复杂、细节繁多，这尤其会令初学者望而生畏、无从下手。初学者往往陷入树枝细节的迷魂阵，失掉了对整体的把握。实际上，即使再复杂的形态也有最简单的准则。因此我们需要对树的形状、结构、比例和姿态等特征进行概括归纳，找出它的基本形体特征规律，就可以在速写中很好地表达了。

树的几何形状可以概括为：球体、竖向椭圆体、锥体、多层伞状体、半球体、发散体、多球体等（图4-5）。

二、树的结构特征

树的种类纷繁复杂，无论其形体结构，还是偏倚、俯仰、顾盼等姿态都不尽相同，如何表现，是需要解决的问题。应该先掌握树的基本规律，再找不同树种的个体特征，在同中求异，其特点也就出来了。

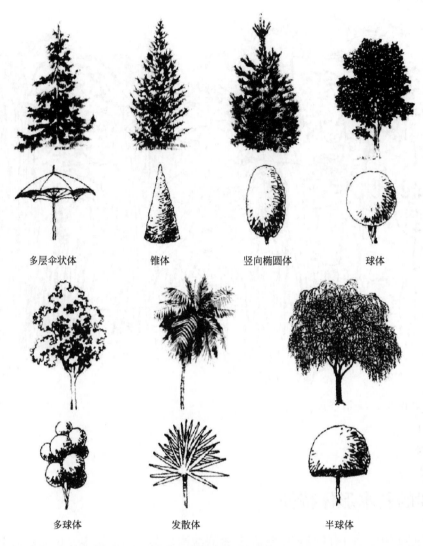

图4-5　植物几何形状分析

　　按树的结构可分为树干、树枝、树叶、树根。树干、树枝、树叶是主要描绘的对象。一般画树时，要抓住树干、树叶的外形特征和美感，树干、树叶呼应，使树有生机和气势。几棵树组合要分出前后层次，在同一层次的树，点、线、面的运用倾向统一。树处于画面的近景时，要把握枝干结构形态特征，树处于远景时，要抓住主要形态，对细节要概括。建筑速写中，树要简洁、概括地起到配景的作用。

1.树干

　　树干有主干和枝干，为圆柱结构。枝干的结构复杂，但其规律主要是"树分四枝"（图4-6），即枝干围绕主干前后、左右生长，有立体感。主干与枝干分叉处是结构的关键，要认真把握。画树干轮廓、线条，要有离、有进、有出、有连，才能画出树干的结构和姿态。

树有独立、并立、丛生等几种情况。树干由于生长环境及树龄的差异，其主干和枝干的形态及纹理结构也不尽相同。松树、柏树的树干相对于柳树、杨树、梧桐的树干更加挺拔苍劲、倔强而美丽，出枝多折曲横生，状如游龙，树干纹理也是纽节虬枝、皮苍而古拙；柳树呈柔软下垂、轻盈飘逸之势；白杨则挺拔直立、刚健俊俏。

树干的特征可以从树皮的纹理分辨出来，每一种树皮都有不同的纹理组织。中国画中把对树皮的纹理表现称为"皴法"，如松树皮呈鳞状，所以也叫"鱼鳞皴"；柳树皮和槐树皮呈开裂的人字纹，所以称"人字皴"；而梧桐树皮和杨树皮是横向纹理，称"横皴"。所以在写生时需认真观察各种树干的不同纹理和形态，不仅要画出树的结构、纹理，更要表现出树的姿态美。

树的画法应遵循树的生长规律。树的生长过程是先长干，后生枝，再长叶，其画法亦应按此步骤，先画干，后画枝，再添叶，这样容易把握好画面的"势"。粗糙的树皮用笔多顿挫，光滑的树皮用笔多遒劲。树身不宜太直，太直则显刻板；也不宜太曲，太曲则软弱无力（图4-7、图4-8）。

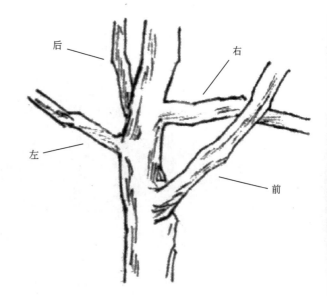

图4-6　树分四枝图

图4-7　树干的画法（1）（肖志华 绘）

图4-8 树干的画法（2）（刘顺湘 绘）

2.树枝

树枝的结构有向上生长、平生横出、向下弯曲三种情况。在中国画中把向上生长的称为鹿角枝，这种类型最常见，如槐树、梧桐树、樟树等；把向下弯曲者称为蟹爪枝，如龙爪树；把平生横出者称为长臂枝，如松树、柏树、杉树等。画树时首先要注意枝干的穿插，穿插能较好地体现出树的空间关系，切忌如同鱼骨，两两并生，缺乏错落的自然美感。其次注意疏密与动势的安排，对太过琐碎的小枝可进行大胆的概括和取舍。然后是注意出枝要果断、劲挺、灵活，不需要每根线都有明确的起止、交接。否则就很难将对象画活，犹如写行草书要有行笔的顿挫和连带（图4-9）。在速写中的树枝处理如图4-10、图4-11所示。

3.树叶

树叶是构成树之形态的关键因素，也是构成树之美的重要组成部分，其形状和种类十分丰富。随着四季的更替，树的形态也随之发生变化，如夏树叶茂，冬枝挺拔，春枝优美，秋叶疏朗。写生时要善于观察不同季节树的形态变化。

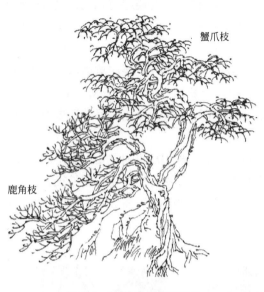

蟹爪枝

鹿角枝

图4-9　蟹爪枝和鹿角枝画法

图4-10　树枝的画法

图4-11　速写中的树枝处理（刘子裕 绘）

　　同一棵树，线描画法与体面画法，也有很大区别。不管画哪一种树，首先要观察叶的形状及排列组合方式，做到心中有大致的了解，再看整体的姿态与感觉，这样表现起来就会从容很多。概括、取舍是画树的关键。面对庞杂的不同树种的树叶，不必对树叶作巨细无遗的描绘，一是不可能，二是没必要，三是不讨好。只要通过对树叶某些关键部位特征的强调，使用概括的手法可达到表现丰富繁多之功效。要注意树木之间搭配得当、主次分明。同时还要注意树叶与枝干的关系，一般情况下，叶子属"密"，枝干属"疏"。要用密的树叶将疏的枝干挤出来，使二者有深浅层次的变化。另外还要考虑树的外轮廓不要太规整，要有凹凸起伏变化。

　　树叶有针叶、阔叶等，可依据针叶、阔叶的特征和表现方法的需要，使用双勾叶和点叶的方法画树叶。勾叶与点叶的形状在同种树上要统一使用，既要强调特征，又要语言统一。也可运用明暗、黑白块面的方法表现树叶，各种树叶的画法如图4-12所示。在写生中的树叶处理如图4-13所示。

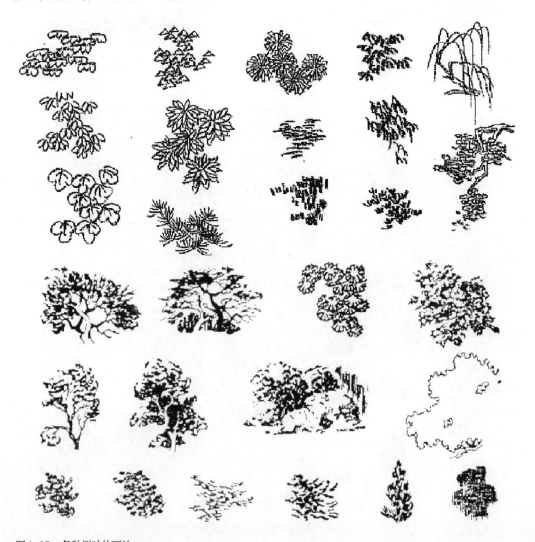

图4-12　各种树叶的画法

图4-14是笔者在栖霞古寺里面的速写作品，树木茂密、琐碎，在刻画时主观上对树叶进行了归纳整理，后面树叶处理成画面的重色块，前面树叶做了区分描绘，避免呆板。

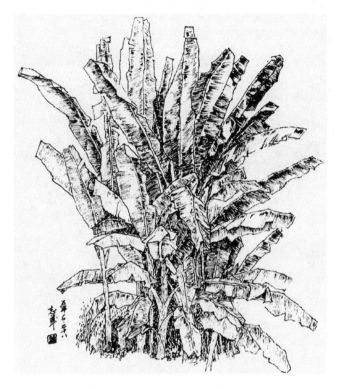

图4-13 速写中的树叶画法（1）（肖志华 绘）

图4-14 速写中的树叶画法（2）（肖志华 绘）

图4-15　速写中的树叶画法（3）（刘子裕 绘）

图4-15作品中，树叶占了画面的大部分，在描绘时画者进行了主观的归纳处理，注重整体描绘，而不是一片叶子一片叶子地仔细描绘，这是画好树叶的一个重要方法。树叶中留出了一些白色块，使画面密而不闷。

三、树的明暗特征

在阳光的照射下，枝繁叶茂的树冠会呈现出明显的明暗体积分布，有很强的体积感。有的树冠很整体，有的树冠则参差错落较为繁琐，对初学者来说有难度、难把握。这个时候就需要对其进行归纳概括，做到乱中求整体，繁中求简单，通过对明暗的分析把握好树的描绘。

在描绘这一类树木时，也可以用小草图的方式，对所呈现出的大明暗分布作格局上的研究。对于那些形体简单、明暗清晰或明暗分布图形漂亮的树木，不必用小草图方式处理。但对那些枝繁叶茂、明暗清晰不强，却又有着自己独特的艺术风格，值得我们精心绘制的树木，就可以通过小草图研究决定怎么处理之后再细致地表达（图4-16）。树的明暗处理在速写中的运用如图4-17所示。

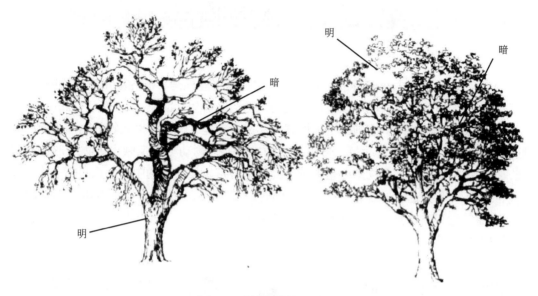

图4-16 树的明暗关系小草图

图4-17 树的明暗表现 [（俄）希施金 绘]

第二节　人物配景

　　人物在建筑速写中是配景的主要内容，建筑速写应根据不同的场景安排不同身份、不同动态的人物配景，这样可以衬托建筑物的比例、增加画面层次，增强画面的生活气息，起到烘托建筑主体、使画面更加协调的作用。在建筑速写中对人物的刻画要简练概括，抓其外形大的特征及动势，省略细节的描写。人物动势能反映出人物的形态和特征，把握动势的形态，人物重心是关键。人物重心是人体支撑的中心，重心在人体支撑面以内时人物有稳定感；当重心超出支撑面时，人物就会失去平衡（图4-18～图4-20）。

　　在建筑速写人物配景的表现中，最容易出现的问题是：头部画得过大、身长腿短、缺乏臀部等问题。

　　在表现众多人物时，要特别注意他们的透视，所处的视平线的位置，把握好透视关系，切不可画成不在同一地面上。人物的动态要有主次、疏密的关系，并考虑与画面的气氛相协调，服饰要与季节地域相符合，使人物配景起到烘托画面气氛、增强画面意境的作用。人物配景在速写中的运用如图4-21、图4-22所示。

图4-18　人物配景（1）

图4-19 人物配景（2）

图4-20　人物配景（3）

图4-21　人物配景在速写中的运用（1）（贵树红 绘）

图4-22　人物配景在速写中的运用（2）[（美）奥列佛 绘]

第三节　交通工具

　　交通工具是建筑速写中经常遇到的环境内容，包括各种汽车、摩托车、自行车、船等。速写时依据内容和画面需要画上一些交通工具，更能烘托建筑主体、丰富画面内容。

　　在建筑设计表现画中，交通工具这一环境内容，可以直观地展示建筑设计的功能，增强建筑设计表现画的气氛。如在码头、港口的建筑设计表现画中，恰当地画上船，可展示港口的大小；在高楼大厦的设计环境中，画上轿车可展示大厦的高耸等。画交通工具重点要把握好基本特征结构和透视变化。线条和黑白块面的运用要果断简明、干净利落，不能拖泥带水。在以建筑为主体的速写中，交通工具的刻画要简练概括，不能喧宾夺主。要注意交通工具与建筑的比例关系，透视变化要与建筑协调一致，统一在整体环境之中（图4-23、图4-24）。交通工具在写生中的运用如图4-25所示。

图4-23　交通工具配景（1）

图4-24　交通工具配景（2）

图4-25　交通工具在写生中的应用［（美）奥列佛 绘］

第四节　构成画面的其他要素

一、砖墙的画法

　　墙砖的形体较小，形状相同，砌筑样式整齐划一，所以在画砖墙尤其是画大面积的砖墙时，最怕出现的问题是对每块砖头都做具体的描绘。部分初学者看到这种墙面就头晕、内心浮躁，对象太整齐，太细，不知道怎么表现。其实只要掌握砖墙的结构规律，自己按照规律组织画面就可以了。在处理这种墙面的时候一定要注意处理疏密关系，学会概括省略。在规律、整齐面前找变化，不要弄成面面俱到，虽然画面均匀，但没有艺术味道，费力不讨好。其实这种墙面有它自己的特点：严谨、理性，很多墙面都留下了岁月的痕迹。在表现的时候首先要能静心观察，再细细地刻画进去，就会很有韵味。

　　图4-26、图4-27是王钟欣同学在古道街写生的作品，画面清新，细节刻画细腻精彩。在墙面的处理上大胆取舍，很多地方进行留白，很好地与瓦片、墙面刻画部分形成了疏密关系。

二、木墙体的画法

　　木板墙体尤其是老房子的木墙体，质朴、沧桑，非常有画意，像一首低沉的曲子娓娓道来，深受画者喜爱。木墙体是建筑速写的一个重要描绘对象。

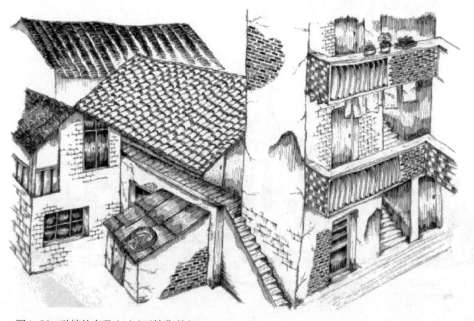

图4-26　砖墙的表现（1）（王钟欣 绘）

木房子结构复杂，木头穿插变化较多，对象肌理丰富。大部分木房子都有雕花等，表现内容丰富。门及墙体都是用木板组合成的建筑，在画的时候要注意用笔的方向：画中景的木墙体时，不要为其过多细节所干扰，要以整体的眼光来对待，把握大的感觉即可；但在表现近景的木墙体时，其纹理质感的表现就尤为重要，先用坚实而肯定的较长线条表现木质轮廓线及结缝线，再用轻微自由的较短线条勾勒木纹理。表现木板特色的手法很多，用皴擦的手法可以很好地体现出木板的肌理。铅笔在描绘木板材质上也很有优势，中性笔可以用侧锋来擦，表现木板肌理，视觉冲击力非常强烈。具体手法没有固定的模式，需要每个画者去实践、摸索、总结（图4-28、图4-29）。

图4-27 砖墙的表现（2）（王钟欣 绘）

图4-28 木墙体的局部表现

图4-29 木墙体的表现（肖志华 绘）

三、瓦片的画法

要学习瓦片的表现，需要先了解瓦片的结构。南方与北方的屋瓦结构有一定差异。南方屋顶的瓦片呈弧形，一面朝上、一面朝下地两两交错相扣。普通民居屋顶的檐口处没有特别处理，但讲究的有钱人家、宗祠、寺庙、园林等屋顶的檐口处常常设有瓦当和滴水。北方民居的屋顶通常用平瓦，瓦与瓦之间有启口相搭接。

画瓦片时要从最前排的开始画起，用双线画出瓦楞的厚度，从前到后、从近及远有序排列，但不可平铺直叙，面面俱到，在大面积统一中求适当的变化。如在残缺的瓦片中长有杂草，使老房子更显古意；烟囱冒出的炊烟或屋顶随意放置的砖块、杂物等，使画面散发出浓浓的生活气息。总之，表现瓦片要强化处理，运用概括省略手法，注意疏密关系，在规律中找变化，这样才能画好瓦片（图4-30、图4-31）。

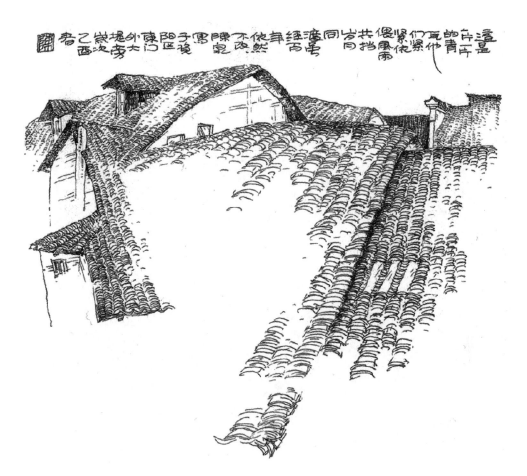

图4-30　瓦片的表现（1）（陈泉 绘）

图4-31　瓦片的表现（2）（陈泉 绘）

第五章
建筑速写的画法

5 Chapter

第一节　建筑速写的画法要点

一、掌握整体观察与比较观察方法

观察方法其实是画者的一种思维方法，意识不到位是很难画好作品的。在速写过程中面对的对象是纷繁复杂的，在作画过程中必须确立两种基本的观察方法：一是整体观察，二是比较观察，这两者缺一不可。

在写生中，整体观察是通过具体的比较方法，找出客观物象之间的内在联系，把对象归纳成不同的整体。这样在表现时画面结构才会紧凑，不会散漫而没有视觉冲击力。如果在描绘对象时陷入局部琐碎的细节刻画，没有很强的整体意识，画面往往很难整体统一。反之，如果不深入细节刻画，画面也就很难有味道。这两者是一对矛盾，需要好好驾驭协调。

在写生中，无论是感受对象、认识对象还是表现对象，都离不开比较，有比较才有对对象的认识。景物的特征、结构、比例、肌理、明暗关系等都需要仔细比较观察。比较是认识事物个性差异和共性特征的重要方法。

整体观察与比较观察的方法在速写过程中要反复运用，每一次的观察比较是对上次观察比较的肯定或修正，是感受认识深化、升华的过程，是观察能力不断提高的过程。

二、掌握必要的透视原理

在画建筑速写时，建筑对象往往有很强的透视，尤其是现代建筑，透视感更强。如果透视没处理好，画面会很别扭；即使画面视觉感很好，也难以称为成功的作品。

在建筑速写时需要考虑的透视关系有以下几种。

（1）视平线的安排

根据写生的对象合理安排视平线，不能过高过低，不能把俯视画成了仰视，或者把仰视画成了俯视。

（2）要确定写生对象的透视关系

是一点透视还是两点透视，要明确消失点。

（3）确定建筑物大轮廓的消失方向

强化大的透视动势，再在这个基础上深入局部，透视才不会出现大的失误。

三、掌握建筑对象的特点

建筑对象的类型不一样，特点也大不相同。年代较远的木结构房子悠扬、古朴、沧桑，对象肌理丰富；现代建筑高楼林立，多为方块格子楼，透视感强烈，有一种快速的节奏感。在画建筑对象时，需要对其特点整体把握。

四、掌握处理画面的一些重点

1.强化对画面的概括与取舍

速写是以客观物象为依据，将物象最具有审美价值的部分，以最简练的笔触表达在画面上。因此，概括与取舍是速写过程中至关重要的表现方法。

在建筑速写中依据表现主体和构图需要，可采取借景、移景等取舍表现方法。借景是将画面以外的景物取到画面里，巧妙地安排在构图需要的位置，以增强画面的效果。移景是根据画面的需要，移动某些次要景物的位置，使主体更突出，构图更完善，画面的整体效果更强。对于影响画面主体的景物和细节则要大胆地删除或减弱，也就是"舍"。取舍的原则就是不能削弱对象的表现，而是使画面更精彩。

概括不是简单化。主体景物要重点刻画，对其特点、结构、肌理、明暗等做深入刻画。次要景物则简练概括，其细节可以省略。

概括更是对画面的一种归纳，包括以下几个方面。

① 对线条的组织归纳安排，对线条进行疏密安排，让线条不能凌乱，让画面有序、有层次，这样才能奏出画面强音。

② 对画面形式结构的归纳安排，这是相当重要的一步，这个处理不好，画面很难出效果。

③ 对画面调子黑、白、灰的主观概括与归纳。

概括与取舍是速写较难掌握的表现方法，应根据画面的具体情况来掌握。随着速写经验的积累、审美能力的提高，概括与取舍的能力将随之提高。同时，概括与取舍的能力又能促进造型审美能力的提高。

2.强化画面对比

对比是处理画面的一大法宝，强化画面的疏密关系、主次关系以及画面的黑、白、灰层次处理，往往可以让画面很快出效果。

五、用好配景

配景也是画面中的重要组成部分，用好配景可以强化建筑主体的意境，使画面增色不少，不可不重视。根据画面需要可以添加适当的人物、植物、交通工具等配景，原则是放入的配景要协调，不可喧宾夺主；在刻画上要简练精致，不可随意。

第二节　建筑速写写生的步骤

一、局部入手画法

以徽派建筑小巷一景为例（图5-1），采用中性笔绘制。

在进行建筑速写写生时，首先要选景，并不是任何建筑都可以入画，而应当有选择。要善于观察，从中发现有意义的东西，选择易于表现主体的位置和角度，最忌不问高低长短，动手就画，这样极易失败。此处选择的是徽派建筑一景，黑瓦白墙，房子高低错落，形成画面主体，台阶式巷子通向里面，人物点缀其间，增添了画意。

步骤一：当写生对象确定以后，开始选择构图方式，在心中明确描绘的主体：用什么手法，用什么工具表现，哪些要深入刻画，哪些要取舍。然后选择一个局部入手。这个入手点没有一定的规定，根据自己的喜好，当然一般从主体物选择一个点开始画有利于把握画面的整体关系（图5-2）。这里选择的工具为中性笔，初学者可以先用铅笔轻轻地把对象的大体位置结构画出来，这样易于准确把握形体结构。

步骤二：由局部推进，先用线条画结构线，线条要肯定、要拙，不能漂浮无力。此例是从中景右边建筑开始画的，前面有电线杆、电线。在画房子结构线的时候不要一画到底，要先画出前面的电线及电线杆，再画后面的房子，这样画面就有前后穿插。下面的配景也是一样。在刻画过程中要注意体现对象的趣味性，为了表现徽派建筑白墙的斑驳感，笔者在手法上采用了侧锋皴擦。中性笔的优势是可以非常细致深入地表现对象，颜色深，在选择笔芯的时候不要太细；中性笔的缺点是画起来慢，画者易于掉进细节里而忽略整体关系。笔者在处理右边建筑的时候是上下密、中间疏，中间留白，略微擦点肌理（图5-3）。

图5-1　徽派建筑小巷一景

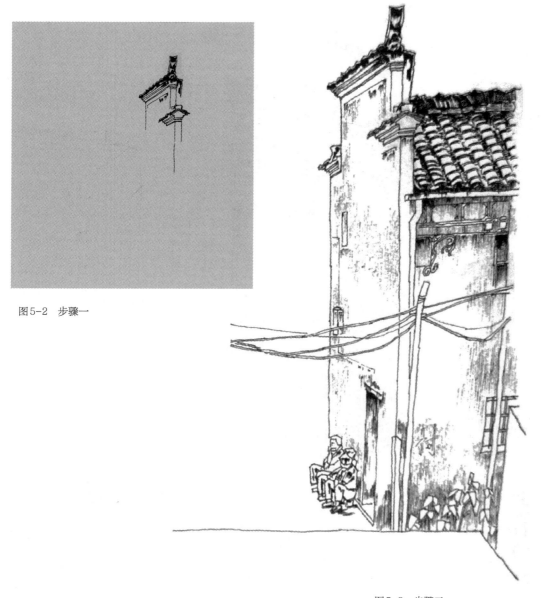

图5-2　步骤一

图5-3　步骤二

步骤三：在右边建筑画完之后开始画左边建筑，这样有利于均衡画面。左边建筑物不能平均的描绘，要考虑到画面的主次关系，以及视觉中心的形成问题。在处理左边建筑物的时候，笔者在主观上把近处省略简化，远处深入刻画，这样有利于与右边建筑和后面远景建筑组成一个密的视觉中心，使画面主次、疏密关系明确（图5-4）。

步骤四：在画后面远处的房子时一定要注意与前面的建筑物做一个主次区分，让画面形成层次。在刻画时既要准确描绘又要概括，处理手法是在色调上整体比前面要淡一些，还是上下密、中间墙体疏。注意密中也有疏，如对瓦片的省略处理。下面巷子的地面刻画也很重要，面积很小，但很关键，进门的石阶，摆的植物都是增加画面趣味性的因素（图5-5）。

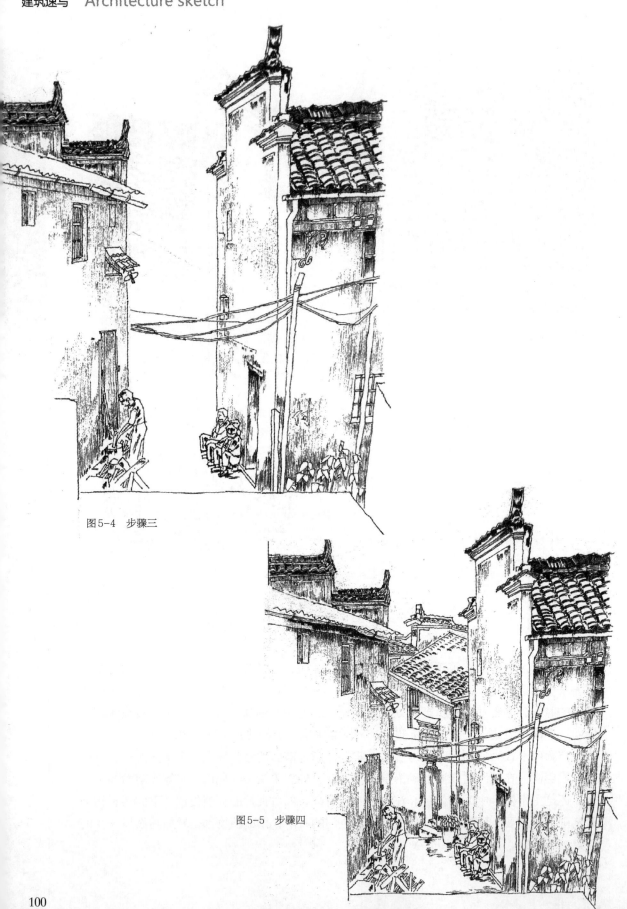

图5-4　步骤三

图5-5　步骤四

步骤五：描绘近处景物时要注意把握好关系。近处景物在画面中不是主体物，但是很清晰，在画的时候要注意省略。画完前景后对画面进行整体调整，这一步很重要，因为一般在作画时或多或少总有一点关系处理不到位。要注意的是中性笔、钢笔等工具不能涂改，只能走加法路子。因此不能画过头，否则需要再在其他地方增加才能协调画面，有的时候则很难协调画面了。调整阶段需要从画面整体关系出发，调整画面的主次、疏密、虚实等关系，强化画面效果，最后完成作品（图5-6）。

图5-6 完成稿（肖志华 绘）

图5-7　徽派建筑群一景

二、整体入手画法

以徽派建筑群一景为例（图5-7），采用中性笔绘制。

此处景物为徽派建筑群，以俯视的角度写生，建筑高低错落有致，生活气息浓厚，很有画意。

步骤一：景物选定后，用铅笔把建筑物的大致形体画出，构图时注意把握好房子的透视、形体比例、结构关系。在这个过程中要明确画面的主次关系、视觉中心，哪些物体是主体物，哪些景物要省略，画面形式结构怎么安排等（图5-8）。

步骤二：在铅笔稿的基础上用中性笔把对象的大体结构画出来，线条要求肯定，以拙为好，颤线也行。一些复杂有交错的地方可以先预留出来（图5-9）。

步骤三：从视觉中心开始刻画，这组景物的视觉中心设置在炊烟这个区域，刻画的时候注意瓦片与墙面的疏密关系（图5-10）。

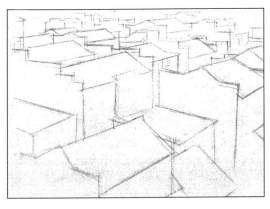

图5-8 步骤一

图5-9 步骤二

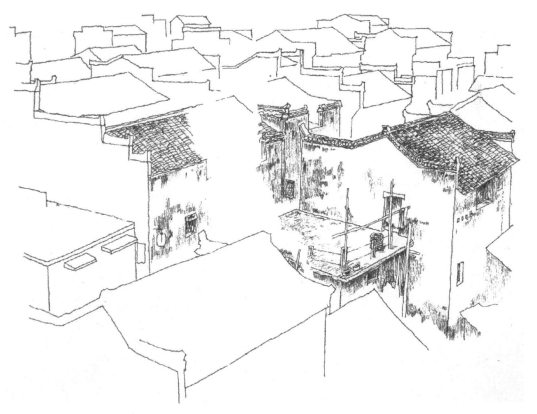

图5-10 步骤三

步骤四： 从炊烟的左边建筑继续扩大画面，炊烟这块结构复杂，在写生时要小心。炊烟是白色，只能采用纸面留白，围绕炊烟四周来画，从而把炊烟挤出来（图5-11）。

步骤五： 从前面继续往后推着画。画后景的时候，要整体把握后景与中景的区别，不能主次不分（图5-12）。

步骤六： 在画前景的时候注意要根据画面需要做主次、疏密处理，整体调整画面，直到画面完成（图5-13）。

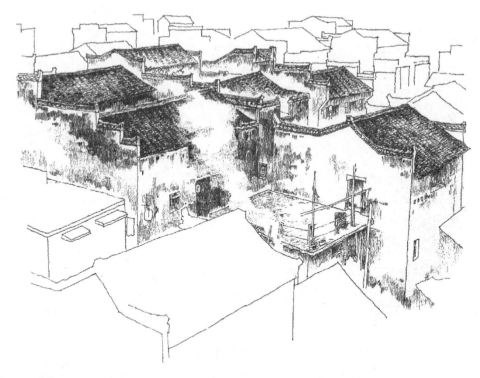

图5-11　步骤四

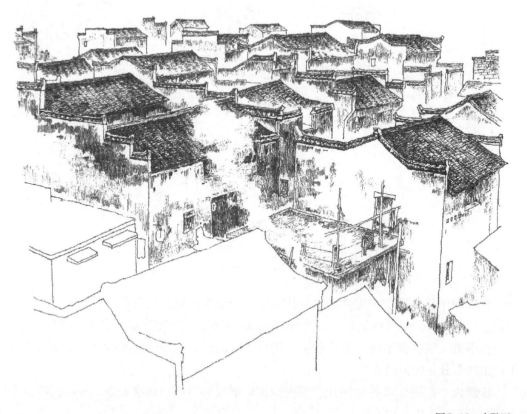

图5-12　步骤五

图5-13 完成稿（肖志华 绘）

第六章
建筑速写作品
点评赏析

6 Chapter

第一节　学生作品点评

　　在本章节里面，选取了部分优秀学生作品（图6-1～图6-10），并附带作品点评，供大家学习参考。

图6-1　曹亚芳 绘

点 评

　　画者选择了前面这栋老房子为画面的主体，对后面的现代建筑大胆省略，画面完整统一，线条流畅，疏密组织合理，显示出较好的驾驭画面的能力。

图6-2　姚曲 绘

点 评

　　画面构图完整，用笔紧凑，主次明确，房子高低、大小错落有致，斑驳的白墙刻画生动。

图6-3 万香 绘

● 点 评

　　房子一字排开，较难把握。画者在刻画时做了一定处理，在视角选择上选择了侧视。房子有一定的倾斜度，避免了平行描绘的呆板。以中间房子为主体深入刻画，左右房子主观上简化，使画面形成主次、疏密的关系，较好地解决了呆板的问题。对房子前面的伞、自行车等生活道具的刻画，增强了画面的生活趣味。

图6-4 佚名1 绘

● 点 评

　　画者描绘了建筑群的一个部分，对景物做了细致、严谨的刻画，建筑高低、前后错落有致，画面生活味浓厚。此作品成功运用晾晒的衣服和前面的盆栽植物等配景增强了画面的生活味。

图6-5　佚名2绘

点 评

作品主次处理明确，对建筑一角做了细致、生动的刻画，后面的建筑只是做陪衬式的描绘。

图6-6　熊建军 绘

点 评

此作品在用笔上较有味道，线条流畅、清新。

图6-7　张尧 绘

● 点　评

此作品用线流畅简练，画面主次、疏密处理恰当，画面均衡完整。

图6-8　何艳莹 绘

● 点　评

此作品刻画深入，用笔洗练，视觉冲击力强烈。前景的植物刻画生动，主体建筑竖线用笔描绘，大面积的深色，预留少量的白色块以突出光感、强化黑白对比，整体画面清新舒畅。

图6-9　易昶昱 绘

● 点　评

　　此作品采用线条来刻画对象，画面透视准确，树枝刻画生动、疏密合理。

图6-10　易昶昱 绘

● 点　评

　　此作品用笔轻松、富有激情，画面主次关系明确，是一幅优秀的速写作品。

第二节 教师作品赏析

图6-12 肖志华 绘

图6-11 肖志华 绘

图6-13 肖志华 绘

图6-14 肖志华 绘

图6-15 肖志华 绘

图6-16 肖志华 绘

图6-17 刘顺湘 绘

图6-18 刘顺湘 绘

图6-19 刘顺湘 绘

图6-20　刘顺湘 绘

图6-21　刘顺湘 绘

图6-22　彭俊 绘

图6-23 彭俊 绘

图6-24 刘音 绘

图6-25 刘子裕 绘

图6-26 刘音 绘

图6-27 刘子裕 绘

图6-28 刘子裕 绘

图6-29 陈泉 绘

图6-30 陈泉 绘

图6-31 王朝晖 绘

图6-32 夏天明 绘

图6-33 周辉煌 绘

图6-34 周辉煌 绘

参考文献

[1] 耿庆雷.建筑钢笔速写技法[M].上海：东华大学出版社，2012.

[2] 陈新生.建筑速写技法[M].北京：清华大学出版社，2005.

[3] 于亨.建筑速写[M].北京：机械工业出版社，2013.

[4] 丁宁.建筑速写[M].武汉：华中科技大学出版社，2008.

[5] 柴海利.国外建筑钢笔画技法[M].南京：江苏美术出版社，2004.

[6] [美] R. S.奥列佛.奥列佛风景建筑速写[M].杨径青，杨志达译.南宁：广西美术出版社，2003.

[7] 秦凡，袁诚.钢笔画技法[M].武汉：湖北美术出版社，2002.

[8] 刘玉立.建筑速写表现技法[M].上海：上海书店出版，2006.